不完美 也精彩

SEEK FOR WONDERFUL LIFE

所谓女神，不过是活成了自己喜欢的样子

徐小婷 作品 WORKS

SPM 南方出版传媒 广东人民出版社
·广州·

图书在版编目（CIP）数据

不完美，也要精彩：所谓女神，不过是活成了自己喜欢的样子/徐小婷著.
—广州:广东人民出版社，2018.1
ISBN 978-7-218-12274-8

Ⅰ.①不… Ⅱ.①徐… Ⅲ.①女性－成功心理－通俗读物 Ⅳ.①B848.4-49

中国版本图书馆CIP数据核字（2017）第276193号

Bu Wanmei Yeyao Jingcai
不 完 美 也 要 精 彩
徐小婷 著

出 版 人：肖风华

策划编辑：王湘庭
责任编辑：王湘庭
封面设计：居 居
内文设计：友间文化
责任技编：周 杰 吴彦斌

出版发行：广东人民出版社
地 址：广州市大沙头四马路10号（邮政编码：510102）
电 话：（020）83798714（总编室）
传 真：（020）83780199
网 址：http://www.gdpph.com
印 刷：珠海市鹏腾宇印务有限公司
开 本：889毫米×1194毫米 1/32
印 张：8.875 字数：150千
版 次：2018年1月第1版 2018年1月第1次印刷
定 价：39.80元

如发现印装质量问题，影响阅读，请与出版社（020-83795749）联系调换。
售书热线：020-83795240

推荐语

独立女性心声墙

1 毛俊杰　演员

我从小就是一个很独立的人，每一部戏每一个角色都靠自己琢磨自己争取，我觉得自己的内心更像一个男孩子，从不畏惧前景，每一步我都走得坚定不移。

2 商忆沙　演员

我有很好的家庭背景，我可以接手家族生意，也可以做一个摆弄花朵和美貌的辣妈，但是我更希望展示自己的能力与实力，所以无论是做女儿还是做母亲，我都极力展现自己的个性。

3 施圣洁　服装设计师

我是一个有历史的品牌的继承人，我有使命把一个本来就具有无限生命力的家族品牌变得色彩缤纷，注入潮流和科技元素。我从来不会故步自封，也从来没有怠慢过我热爱的服装事业，我在世界各地飞来飞去，无论在办公室还是在社会公益领域，我都只允许自己展现出最职业的一面。

❹ 陈烨　高端品牌主持人

别怕回首那些经历过的糟糕时刻，有对比，才会让你知道什么是自己最好的状态。无论何时，大胆向前就是一种最好的改变，勇气和自信就是女人最好的护身符。还要学会职场如狼，爱里如猫。

❺ 钟棕　茶艺师

周一早上泡杯可口醒神的柠红，让自己和身边的人都精神为之一振！做一个岁月静好的女子，展现最优美的茶技，人生的追求莫过于惬意地喝上一杯茶。

❻ 陈秋蓝　独立设计女鞋品牌主理人

不安于按部就班，不满于多数人所选，像青梅、番石榴、石柿，味觉强烈，不妥协，像一切早早意识到自己所求所想并为之持续努力的微熟感少女。

说真的，你说上帝对美的人是不是有偏爱？这个问题我问出来，似乎略显得矫情。但谁的心里没嘀咕过呢？要不整容院都开进朋友圈了。所以说爱美之心人皆有之，从古至今也绝非空谈。

电影《女人不坏》里有个片段，张雨绮质问老板：“你到底看中我的能力还是美貌？”老板轻描淡写地说了一句：“美貌就是你的能力。”公司同期入职的员工当中，学校背景、工作能力各方面不相上下的二选一当中，不用问，机会都是落在漂亮姑娘身上。而如果长相落差也不大，那么打扮稍微讲究一点的姑娘也是优势略高的。原因就在于即使你不能够代表公司的形象，形象好的人和客户的谈判的成功率似乎也能高上几分。

这就是一个看脸的时代，你不承认只能证明自己还差一点！

那么问题来了——漂不漂亮是恒久不变的吗？当然不是。我们常说25岁以前的美貌靠基因，那么25岁之后呢？美丽直接体现出一个人的能力！

别说你工作一天很忙很累。试问，谁不是呢？

自序 Preface

写给不甘寂寞、不愿平庸、不想被轻视的你

我的一位美女朋友京京，每个刚认识她的朋友都会在跟她握手后对她说：你好漂亮！

京京每次都会回复相同的一句话：谢谢你，可是我不只是漂亮这么简单。

谢谢那些因为我们漂亮、可爱、温柔、腿长、肤白而关注我们的人，我们想告诉大家，我们没有这么简单哦。

因为有了很多社交工具，美女们的美很随意就可以展现在大家面前。美一定只是未来女性最基本的一部分，这一切都是为了得到你的注目，让你看到我们的才华、能力、逻辑、判断和想

象力。

这本书写给不甘寂寞、不愿意平庸、不想被轻视的你。

了解我的人都知道，我有时候忙得死去活来，一天有三个饭局，有时候闲得发呆，想出来的点子把自己折腾得翻来滚去。正是这样的生活状态让我每天都觉得生活特别精彩，可以偶尔发泄一下低落情绪，但从来不让低落控制自己的脚步和人生。

一个对生活充满热情的人，对未来有想象空间的人，几乎都不会让自己闲着。这也是为什么人总是觉得次次吃亏，次次新鲜。正能量的人都会觉得麻烦是自己折腾来的，负能量的人会觉得麻烦是上天安排的。因为自己折腾来的麻烦自己是可以解决的，但是上天安排的麻烦一般人只能怨天尤人，自己束手无策。

我是个很喜欢成功学的人，尤其爱看名人的发家史。当我感觉特别累或者特别无聊特别迷茫的时候，看一看别人是如何达成梦想的，看一下别人在达成梦想之前都遭遇到了什么，我立马就会像打了鸡血一样充满斗志。

睡不着的时候，我就把订阅的所有公众号翻阅一遍，从民生新闻、政治经济、美妆穿搭到养生旅游几乎一样不落，零碎的信息全部吸收一个遍。所以失眠很少会是我的困局，就连看几天几夜电视剧，也是可以把内容转化成业务学习的。

我始终认为，一个人的地位决定于他思想的高度。心有多大，舞台就有多大，能想什么就能干什么。但是对于一个女性来讲，可能除了事业、能力，更多会把心思放在感情上面，毕竟女人是更感性的。

但是一个女人对感情的思想高度，才真正决定了她的人生质量和快乐指数。

不悔梦归处，只恨太匆匆。明日相思莫上楼，楼上多风雨。

女人对爱情千万不能太着急或者是太留恋。

网上词条这样解释爱情：爱情，Love，是人与人之间的强烈的依恋、亲近、向往，以及无私专一并且无所不尽的情感，还有向往未来的生活。

现代科学解析爱情是通过激素作用的生物程序，有关爱情的行为都是由进化的力量主导，通过激素起作用，所有疯狂的行为都只为了把基因传递给后代。

在汉文化里，爱就是拥有对方的心，在一起生活一辈子，并对这种关系的长久性持有信心，也能够与对方分享私生活。

生活里要是没有爱情，那会多么枯燥多么乏味。

人类就是为爱而生的，所以要用一生去做爱情“胜斗士”！

要斗就要用跟男人一样的事业心去斗，严格地说，这是一本让你爱与事业兼得的书。

每个女生都希望鱼和熊掌我都要，这也是所有女性的终极目标。所有优秀的女性偶像都无一不是家庭幸福、事业独立或者在辅助另一半的事业上有极大功劳。

25-35岁这个年龄段的女性，受过良好的教育，有独立的理想，有稳定的收入，但是学校从来没有教过任何理财知识和情感认识。我们所接触的媒体和氛围都在引导买买买消费，几乎每个女性在自我成长和建立家庭之间都有大量的疑惑和不安分的躁动。

我在这个过程中积累了很多小故事和生活理财的方法论，从理财、创业、情感、生活消费四个方面的价值观讲起，每一篇一个故事带出一个小方法，让读者可以轻松得到一个加码技能，无论在生活观、理财观和消费观上都更具备一个新女性的魅力。

目录

Contents

01

第一章

你要美要狠，关键还要有爱

002 不要辜负你的颜值
005 独立女性正在崛起
009 做每一件事，只要你想到了，都不算晚
013 你必须非常努力，才能看起来毫不费力
017 有些事情现在不做，一辈子都不会做了
020 你要美还要狠，最重要的是要有爱
024 看着阴影，转身一定有阳光
027 什么样的人才能叫有情有义？
030 谁没有被生活欺负过，只是你把它留在了脸上
034 那些过去的人和物都不是永远的依靠
038 如果这是一场意外，你还会不会重来？
042 你可以嫁给我吗？

02

第二章
愿你的才华配得上你的随心所欲

048 做一条翻腾的鲇鱼
051 愿你的才华和能力配得上你的随心所欲
055 并不是所有的行为都需要变现
058 创业可能是改变人生的机会，也可能是个坑
061 虽说人无股权不富，你也别用股权骗我免费劳动了
066 开餐厅的都是活雷锋
070 除了工资，你应该更在意社交货币
076 和谁有仇，就叫他去开餐厅
082 越来越多的女强人，跟能力无关，跟圈子有关
085 成功都是一样的，失败各有不同
092 没人嘲笑你的梦想，被嘲笑的是你的实力
097 共享社会下的创业方向
099 江湖再见，我们多少都懂了些套路
104 名字也是颜值

03

第三章

比起孤独终老，我更害怕将就到老

108 为结婚谈的恋爱太功利
110 那些特别令人讨厌的男人
113 那些年曾经爱过的男孩
116 自由恋爱和包办婚姻的区别
120 找半圆
123 苦涩的中年荷尔蒙
126 没遇到过几个渣男，又怎能让自己强大？
129 为什么白富美总是遇到来找二房的男人？
133 为什么这么多女青年爱上已婚男人？
138 对感情最好的格局是随缘
143 所谓永恒的爱情其实是利益的平衡
146 谈恋爱就好像钓鱼
149 我希望，我爱上你时，你也爱着我
153 我们为何要找时间哭得撕心裂肺？
156 饭吃七分饱，爱也七分刚刚好
159 要得到天长地久，首先学会分手告别

04

第四章 数学差，打天下

164 人生没有起跑线
167 你觉得我太好强，我还觉得你喝太多
170 不要辜负你天生的优势
175 请不要忘记自己曾经的梦想
179 比起去补习班，更重要的是找到你的兴趣和方向
183 教育父母的时代来了
187 要进窄门，全世界都会为你开路
191 每个人都是戴罪生存的状态
195 我承认我自负，但是我不妒忌
198 从上下两代人看一个人的成功与否
201 数学差，打天下

05

第五章
生活到底是诗与远方，还是房子跟存款

208 在泰国清迈养老，需要多少钱？
214 劝你买房的人是好人，也是糊涂人
217 新中产阶层的独树一帜和随波逐流
222 生活到底是诗和远方，还是房子和存款？
226 方向错了，折腾都是白费力气
228 去全世界看房子
233 如若生活可以一步到位，那奋斗又有什么意义？
236 如何买到自己的第一套房？
241 独立女性越多的地方房价越高
244 房价到底还会不会涨？
248 我买的十套房子并没有让我发达
254 月入十万我依旧不请客吃饭
260 只要敢想，就成功了一半
264 在国外买房投资，得了解当地人买房的喜好

CHAPTER 1

第 1 章

你要美要狠，关键还要有爱

不要辜负你的颜值

一个人的颜值当然不可能永远保持在高峰值，但是能够把颜值一直保持在高峰值的人一定是一个具有强大自控能力的人，因为坚持是一个人自律的标志。

曾听过男性朋友Jack说的一个段子：要是美女搭我的车晕车了，我会说，那你开点窗透透气，眼睛看远的地方，我尽量开得稳一点，但要是一个丑女说她有点晕车，那我肯定会说：天哪！你别吐我车里啊！

所以才有了今天我讲到的论颜值的重要性：喜欢一个人，始于颜值，陷于才华，忠于人品。爱一个品牌，始于“颜值”，陷于效果，忠于品质。用更形象的一句话概括就是：喜欢上一个人是因为五官，而长久地在一起，则是因为三观。

按照常理，任何最终长存的东西，都是靠实力取胜，颜值顶多是镜花水月。然而，在这个拼颜值的时代，好看几乎成为衡量一切的首要标准，甚至成为一个消费符号，和商业画上了等号。

在这个信息爆炸的时代，我们判断一个人的时间可以缩得特别短，喜不喜欢一个物品，只需要看一眼的功夫，而这一眼只需要七秒钟。“七秒钟定律”即消费者会在七秒钟内决定是否有购买商品的意愿。

所以我们一直在说，颜值就是生产力。

长得好看的男人或者女人，在职场、社交场以及婚恋场上，都比颜值低的人更加如鱼得水。于是更多人吐槽说：长得帅或者长得美的人表白，才叫告白，长得丑的人表白，那叫性骚扰。现在单身的人找男女朋友，总有一种“万事俱备只欠颜值”的悲哀，有时候不是ta没那么喜欢你，只是你的颜值不符合标准。

营销学中有一个很著名的定律，那就是“七秒钟定律”。也就是说，一个人对物品产生印象的时间只需要七秒钟。七秒钟的时间要让人从物品的器型、绘画、色彩及功能上对物品产生兴趣，认识物品，甚至有购买欲望，也就可从一个方面看到物品设计是否成功，是否实用。

据统计，全球每天有18亿张照片被分享到网络上，其中又有很大比例为自拍照。在互联网时代，庞大的自拍人群无疑是一个巨大市场，蕴含着巨大的财富。这促使了“颜值经济”迅速崛起，美容医院、美妆产业、自拍App、自拍手机、自拍设备等产业都开始火爆得一塌糊涂。

有着先见之明的美图公司凭着“美图秀秀”这款修图神器在“颜值经济”这一市场可谓占得先机，然后又成功拓展了美颜相机、美颜手机，从而获得广告收益之外的硬件销售收入、增值服务收入，堪称打造“颜值经济”的典范。

当然，颜值不能决定一切。只是说，在相同情况下颜值高的得到的机会会更多些，但是不能只看颜值，毕竟腹有诗书气自华，一个人学有所成时，他的气质自然也就展现出来了。

一个人的颜值当然不可能永远保持在高峰值，但是能够把颜值一直保持在高峰值的人一定是一个具有强大自控能力的人，因为坚持是一个人自律的标志。当今时代，无论是天生的颜值还是后天的打造，只有能够把自己的颜值一直保持在高峰值的人才有资格站在食物链的顶端。因为颜值的打造，需要太多综合的因素。

独立女性正在崛起

希望你有高跟鞋也有跑鞋，喝茶也喝酒。希望你对过往情深意重，但从不回头。希望你对想要的未来抵死执着，但当下却不紧迫。

听思享，这是我做的短视频公众号。我这个公众号采访了70位艺术家、生活家、科学家，现在已经有了80万用户。

我11年前从中央戏剧学院毕业，做电视导演到现在。新女性价值观输出是我这两年的新工作，因为我写了三本独立女性读物，几乎每个看过我书的读者都说我说出了她们的心声。她们一直希望自己像我写的那样去生活，思考，消费。

每个人对成功都有不同的定义，或者是有钱，或者是有名，又或者是快乐。我对成功的定义就是获得大部分人的肯定。其实我们每个人的一生都在追求不同人的肯定，小时候想获得父母的肯定，上学后想获得老师的肯定，工作后要获得上司的肯定，婚后要得到另一半的肯定，发达后想得到社会的肯定，终其一生，我们都在追求别人的认可。

我很荣幸，在我写前两本书的时候就得到了很多女性同胞的认可。我一直以为我的消费观、价值观很奇葩，但是没想到原来一大部分女性心中埋藏着像我一样的想法，只是大家都不好意思大张旗鼓、明目张胆地像我这样去做，直到看到我的书之后，大家仿佛得到了肯定和鼓励。

因为我最奇葩的购物观就是，身上不带一分钱，出门逛了一圈，刷卡买了一套房子回来，然后积极工作，努力去还卡数。

十年前，我大学毕业的第一年，在一张小纸上，我随手写了我30岁前要完成的十件事，要去什么地方，要做什么事，要成为什么样的人，要买几套房子……那张纸我找不到了，但是凭借着记忆，去年我统计了一下，十件事都做到了。

著名的策展人刘凌老师在广州塔做了一个声音展览，组委会给我的命题是：未来女性。策展人说我自己可以换题目，我说不换了，我觉得这个主题挺好的，既符合这个时代，又符合我的风格——教你装得很高大上，一秒起范儿。

十年后，我会是未来女性学习和模仿的对象。过去我们对女性的高评价就是：贤惠，持家，得体，大方。现在我们对女性的高评价就是：白富美。我觉得未来十年我们对女性的高评价应该都会是：独立，自由，美丽。

女性力量确实在崛起，今天我们的演讲嘉宾女性已经超过了男性。书店里有了女性励志书的专柜，女性题材电影的票房也能轻松过亿。不管是董小姐、希拉里还是伊万卡（Ivanka），她们都因为独立和美丽而受到女性崇拜。

在信息爆炸的时代，女性和男性得到一样的学识、地位、背景、能力和眼界。女性不仅有繁衍后代的能力，还有养育培养后代的能力，一旦肩负了生育和养育的共同功能，女性力量崛起后，未来的女性领导者会越来越多。这十年，就是女性独立精神培育和分享的黄金十年。

昨天，我家里人还说，一万个人里也不会有一个像我这样的女人，人家都是看见衣服鞋包化妆品买买买，你是看见房子买买买。这两年我也影响了很多女性朋友见到房子就买买买，十年后，这些女性不会再让大家觉得是先锋，因为会有成百万上千万像我这样的女人，无惧无畏，有胆有识，想做就做。

我搜集了很多成功女性的故事，可以在我的听思享公众号中看到，她们不仅拥有美貌、财富，还有远见与当下的美好。我希望把这些有影响力的人介绍给大家，把她们的成就和满足感跟大家分享。

而且这个事情，我最少会坚持十年。最后，把微博上britty的一段话送给所有女性：

希望你有高跟鞋也有跑鞋，喝茶也喝酒。

希望你有勇敢智慧的朋友，也有本事牛逼的对手。

希望你对过往情深意重，但从不回头。

希望你对想要的未来抵死执着，但当下却不紧迫。

希望你特别美，特别敢，特别温柔，特别幸运，特别努力。

希望你拥有你想要的一切。

做每一件事，只要你想到了，都不算晚

所有的事情，都没有行和不行，得看是谁在做，得看你自己的目标在哪里。

爱极了每年跨年那几天的广州，蓝天通透，阳光明媚，晚霞绚丽，有一种纽约布鲁克林大桥的磅礴气势和清爽。喜欢这样的广州，有十月纽约的繁华，又像极了从来没有被污染过的澳大利亚。

很多年没写过年终总结，这样不好，有一种不知道自己活到什么程度的感觉，也回忆不来这几年都干了些什么浑蛋事。不过好在我这几年写了三本书，算是有什么想法都记录在案。所以我很支持大家每年在除夕夜或者跨年夜的时候回想一下，过去这一年都做了什么。所谓时光飞逝，通常都是因为我们的记忆太模糊或者行为太重复。

这个2016年，我的第一本书热卖，我的视频自媒体听思享得到了很多有影响力的人物和平台的认可。我的个人公众号和IP

得到孵化开发。签了三本书约，算是完成了我从一个电视导演到作家的立体转身。

我记得我22岁的时候写过一张纸，上面有我在30岁前要做的事，里面有这么一项：出版至少一本自己的书。在30岁签的第一本书约到两年后算是完成了。

2016年我莫名其妙地被纽约旅游局邀请去了一趟纽约。住在曼哈顿中心的豪华酒店，在肯尼迪中心顶着时差观赏了郎朗的精湛表演，还和郎朗在后台唠嗑。站在世界顶尖表演中心的郎朗大师春风得意，亲切可爱，大眼和活跃的表情能轻易让路人转粉。

据说每个搞艺术的人要融入国际都要去纽约打擂台。我很喜欢这种感觉，站在世界顶尖城市忙碌地奔波。

2016年我拿了很多奖，可能是以前怎么都想象不出来的奖项和称号，诸如女性情感职业指导专家、最受欢迎知性网红、最有影响力跨界生活美学家、平权计划推广大使，等等。这说明了什么？说明世界变得长辈们都快不认识了。从前他们认为最好的工作是公务员，国家单位，朝九晚五，写字楼白领咖啡红茶一喝一下午。但是现在呢，长辈们才刚刚开始知道有一种工作叫作网红。

甚至去到每一个地方，每一个人见到我都会跟我说，你现在好火啊，“大号”你好。有一种“忽如一夜春风来，千树万树梨花开”的得意感和成就感。

顶着作家和美食旅游达人的身份，2016这一年我带着爸爸妈妈全国各地飞了一圈，去不同的城市签售，录节目，吃吃喝喝。让父母知道自己在做什么，是最容易得到鼓舞和满足的事。

这一年伴随着每一个久违的朋友说完“你最近好红”之后的第二句都是“你什么时候嫁人”。我突然觉得其实别人看到的你并不是真正的你，别人希望的你也不一定就是你必须变成的那个样子。

这一年我从渴望结婚到自由骄傲，又到渴慕家庭再到燃起熊熊事业心，心态始终在变换中，毫无稳定感。什么叫永远热泪盈眶？就是这种感觉，不断变化、不断成长才是人生啊！

一件你想做的事情，只要你还有力气和兴趣去做，永远都不会太晚。所以，即使满大街的人都在做公众号，在2016年我依然去做了这件事，并收获了很多快乐和成就。

在我的签售会和读书分享会上，我经常跟读者们说，我觉得成功就是有分享的能力，而人生也是因为分享才得到了更多收获。

2016年，很多朋友跟我说现在做餐饮不行了，我说不是做餐饮不行了，是你做的餐厅不行。有人跟我说电视台不行了，我也是说，不是电视台不行，是你的电视台不行，别人的好着呢。还有人说现在做短视频不行了，我说做短视频是一直都不行，只是有的人做的行。所有的事情，都没有行和不行，得看是谁在做，得看你自己的目标在哪里。

比如说，2017年，我们先去挣一个亿？对马云、马化腾来说，人家两小时就挣到了，而对一个坐地铁上班的白领来说，简直是天方夜谭。不同位置上的人拥有不一样的格局，这一年，我希望自己可以继续打开格局，做好新女性价值观输出这份工作。

你必须非常努力，才能看起来毫不费力

那些每个人背后付出的时间、精力和心机，都不是可以在朋友圈里发的事。

我有一个很好的工作激励方式，就是当我想偷懒、想无所事事、想逛大街而毫无目的的时候，我就会拿起我的手机，只要看一看同行媒体人的朋友圈，立马就可以睡不着觉，巴不得马上就打开电脑干活。

很多人看不明白我的朋友圈，总是跟我说，我怎么觉得你都在不同的地方吃吃喝喝玩呢？但有一部分会看的人就会说，我看你挺忙的，经常一天跑三四个地方，有时候一天在两个城市。这分明就是没有野心和有野心的人在看你的朋友圈啊！没有野心的人看到的你并没有做什么，除了吃喝玩乐，有野心的人知道你在做什么。

洪晃和苏芒都是时尚界的大咖，自小就家庭背景显赫的洪晃说过，她挺佩服苏芒的一件事就是，某次两个大品牌选择了同一天在两个不同地方开发布会，一个在北京，一个在东北。那一天，所有的时尚杂志大腕都只能选择其中一个活动前往，但是那天苏芒愣是早上从北京去东北先参加了第一场，然后晚上从东北又回到了北京参加另一场，一天赶了两个地方，把两个活动都赶上了。

在时尚界，每一次露面和出场都相当于占领一个阵地。张艺兴在拍真人秀《极限挑战》的时候直接晕倒，孙燕姿在演唱会后晕倒，冯小刚曾在节目录制现场因劳累心脏病复发晕倒，歌手孙悦曾一个月晕倒4次，每次都是心律不齐、脸色发紫，而大S、霍思燕、李小璐、叶璇等很多明星也都曾因过度劳累而在工作现场晕倒。

明星代表的是光鲜亮丽，然而工作强度大、作息时间不固定等诸多因素让明星们比常人要承受更多的压力。曾有一份对中国明星健康的权威调查显示，患者失眠、精神紧张等“小病”的十分常见，有胃病、心脏病、高血压等“大病”的更为数不少。

在IT投资界，柳传志的女儿柳青得过癌症，带着三个娃，把滴滴做到行业第一，她是中国最拼富二代。前Google大中华区总裁、著名投资人李开复患过癌症，他依旧提醒年轻人，不要从事安稳工作，否则就会完蛋，现在是机器和人工智能开始取代人类的时代，过去包括翻译、司机、教师、公务员等许多被认为很稳定的工作，未来都可能被机器取代。“这个工作灭亡的速度，会比想象快！”他说。

李开复说安稳的工作未来都会被机器取代，具备深刻思维、感性、创意的人，才有机会突破。

80年前的父母，告诉孩子要走安稳的路，是对的；40或60年前的父母抱持这种观念，也OK；20年前这样想，马马虎虎；今天说这句话，可能就完蛋了。

想成为更强大的人，只能选择更难的路来走。那些有着让人羡慕的人生的人，都付出过不为人知的努力。

电视剧《欢乐颂》里面，富二代曲筱绡在过年的时候都在国外跑业务，她给在国内的供应商王柏川打电话的那个情节，应该让普通人睡不着。

适逢春节，大家都回家安心过年了，而曲筱绡却去了国外谈生意。当她需要一份产品报价给客户时，打电话给国内的几个厂家，老板们都说在过年，没时间也没条件给到报价。

这时，曲筱绡打电话联系了王柏川，一开始王柏川也是有点小推脱，但曲筱绡当时说了这样一段话，令人印象深刻：大哥，我家这么有钱，我最有资格混吃等死，但是，大过年的我照样拎着行李满世界找生意，而且还白白送给你一个赚钱的机会你都不要？

所以想要更快成长的人，他就得历经更大的磨难。这个世界上从来没有什么投机取巧的事情，即使有，也不长远。因为一个人的价值跟他的努力是成正比的，这也是这个世界唯一公平的事情。凡是你想要的东西，都可以通过努力去争取。

这个世界从来就没有什么怀才不遇的说法，即使有，有底气说出这话的人也不多。不信你可以仔细观察身边那些经常抱怨的人，基本上不是什么怀才不遇，而是自身眼高手低，高不成低不就，明明自己没什么才华，却抱怨别人有眼不识泰山，没有伯乐发现自己这匹千里马，这些都是无用的表现。

无论是自我成长、交朋友，还是开拓业务，那些每个人背后付出的时间、精力和心机，都不是可以在朋友圈里发的事，朋友圈能见到的那些都是能让你看到的光彩。你还以为有毫不费力就能得到的成功吗？

当有人逼迫你去突破自己，你要感谢他，他是你生命中的贵人，也许你会因此而蜕变和成长。

有些事情现在不做，一辈子都不会做了

做你没做过的事情叫成长， 做你不愿意做的事情叫改变， 做你不敢做的事情叫突破。

要趁着没结婚的时候去做十件疯狂的事情，要趁着没生娃的时候去游历20个国家。在可以做这些事的时候，赶紧去做，因为经历这些后，你的一切紧张和恐惧都将成就未来的从容。

有个我以为最洒脱不羁的男生跟我说，他要抓紧这一两年时间去环游世界，因为再过两年父母年纪大了，自己就没有这么自由了。一个我看起来毫无后顾之忧的男生都有这样的紧迫感，未来将要撑起半边天的女人难道不应该为自己那些想做又没有来得及做的事情着急一下吗?

去没去过的地方，做没做过的事，测试自己的酒量，知道自己最疯狂的时候会是什么样子。上大学后我第一件事是尝试染发，大二把框架眼镜摘下，戴上了隐形眼镜，大三第一次倒追男孩，大四第一次一个人出国旅行。

没有什么好担忧，做一次不害羞的事。人生总有一些第一次，不走出这一步就永远不知道真实的自己到底是个什么样子。

开车的时候，我都会先看一下我和目的地之间的距离。

到达目的地的方法很多，有各种路线，我们都会希望躲开拥堵，少拐弯抹角，避开红绿灯的等待……

命运的公平与不公平体现在多个维度，而大部分人的世界都是二维的，所以大部分都是loser（失败者），只有用上帝视角，才能清楚地知道自己的渺小，作为与不作为。

当你没办法拥有上帝视角的时候，就只能迈开步子去寻找一个更能接近上帝的位置，让自己有尽量丰富的历练，来做好自己未来的导航。

我对自由女神像的印象源自于电影中，那些在海上见到它的人的尖叫。

一个右手举着火炬照亮黑暗大陆、左手捧着圣经的女神，似乎所有的美国梦都跟自由女神所象征的内涵分不开，那就是：自由，独立，机遇。

看见我的第一本书放在书店的女性专柜里面，我想到了这三个词。

自由，独立，机遇。

这些以前仿佛要有个美国梦才能实现的东西，正在我们身上发生。

去年十月我去美国，除了要和郎朗会面，其实也想去纽约找凤姐。在曼哈顿待了四天三夜，完全没有要去别的地方的想法，反而一看到有美甲店就先驻足，想寻找一下有没有凤姐的身影。

到纽约打擂台这句话，不仅适用在行业精英身上，从凤姐身上也可以见到梦想的原型。在我看来，先不必评价凤姐是不是个异想天开的人，起码她敢去设想自己的人生，起码她从来没有觉得自己不行。虽然她总是被人嘲笑，但如今她已经开始实现自己的梦想。当初嘲笑她的人，又在哪里呢?

做你没做过的事情叫成长， 做你不愿意做的事情叫改变，做你不敢做的事情叫突破。

成长、改变和突破，是我们成为自己最重要的因素。

你要美还要狠，最重要的是要有爱

金钱不会让我们幸福，幸福的关键是，我们是否活在爱的关系里。

爱美的女人始终办法多一点。

小美已经三次大变脸了，每次变脸之后都离网红脸更近一点。小美说，虽然每次躺在手术台上都有做完这一次就再也不做的决心，但是整容确实很上瘾，因为每次整完之后的成就感和成效太显著了，于是只能一次又一次对自己狠心再狠心。用对自己的狠心换来走在街上的回头率。不要看不起小美，她拿着对自己的狠心换来了帅气多金的男朋友，并且已经成功混进了时尚名媛圈里。

2017年5月刚去世的享年112岁的严幼韵女士，于1905年9月27日出生于天津，是复旦的第一批女学生。严幼韵本来人就长得漂亮，父亲所开的老九章绸布庄内的各种衣料随她挑，因此她每天更换的服装总是最时髦的，当时红遍了整个校园。

她的第一任丈夫是外交官杨光泩；第二任丈夫是外交家顾维钧。二战结束后，她携三个女儿到美国，后成为联合国首批礼宾官，也是联合国的首批女外交官，工作了13年，与许多政要打过交道。

即使是98岁被检查出大肠癌，在护士小姐揭掉注射器上胶布那一刹那，严幼韵蹬上金色高跟鞋，身着旗袍，走进纽约市中心的美发店，心情丝毫不受影响。

老太太喜欢结交新朋友，其电话簿上常用的号码就有六七十个。几十年来一直没变的是她始终穿高跟鞋、用香水、涂指甲油。每个星期她都要打一次牌，从下午3点一直打到夜里11点多，牌友中包括孔令仪、贝聿铭等赫赫有名的人物。严幼韵的二女儿杨雪兰说：“我们觉得她就是一个明星一样的人物。”

100岁的时候，严幼韵还能看书读报，打麻将，烤蛋糕，甚至还有眼力织补羊毛衫、亲手制作龙虾沙拉。只要身体允许，她常外出开会、旅游、去超市购物。主持人曹可凡曾问她：“严先生，你穿着高跟鞋累吗？”她嫣然一笑：“我一辈子穿高跟鞋，习惯了。”

虽然破茧成蝶不是我的命，但我也要有一颗勇敢的心。尽管不是名媛出身，难道你就不可以有一颗成为名媛的心吗？

在电影《色·戒》中担任礼仪指导，教导李安以及片中演员旧上海社交礼节的唐薇红老太太，曾是上海十大名媛之一，泛黄的旧照片中身着旗袍、头发烫成洋气的波浪卷莞尔一笑的少女，在那个时代这种美丽叫作大家闺秀。而如今，85岁高龄的她依然用着香奈儿5号香水、CD口红、GUCCI手袋，穿着Ferragamo的细高跟鞋依然畅快地载歌载舞，是个紧追潮流的时尚阿姨。

唐薇红的姐姐唐瑛是旧时代上海有名的社交名媛，与陆小曼齐名，有“南唐北陆”的美名。唐瑛不但身材苗条，嗓音甜美，衣着前卫，且多才多艺，秀外慧中，擅长昆曲。当时的一位企业少东在1958年写了一本回忆录叫《春申旧闻》，里面就说：“上海名媛以交际著称者，自陆小曼、唐瑛始。”

著名表演艺术家秦怡，已经95岁了，出门也要坐在轮椅上，但她依然让自己保持着名媛风范。每一次出门，她依然把自己打理得一丝不苟，面孔要擦得雪白，唇膏要用酒红色，她说，这是给自己看的，不取悦任何人。

让自己美，已经有很多人做不到，更何况要让自己又美又狠？

那些能让自己永远保持着端庄形象的女性，不仅是在自律上严谨，这种人还一定对自己特别狠，不容自己有丝毫松懈。

蜕变的过程是很痛苦的，但每一次的蜕变都会有成长的惊喜。

又美又狠的女人令人一眼心动难忘，但是所有给人留下美好印象的女人不仅只是美和狠，她们还要有爱。

巴菲特在美国一所大学举行演讲时，一个学生问："你认为什么样的人生才是真正的成功？"他没有谈到财富，而是说："其实，你们到了我这个年纪的时候就会发现，衡量自己成功的标准就是有多少人真正在关心你、爱你。"

他说出了人生的一个秘密：金钱不会让我们幸福，幸福的关键是，我们是否活在爱的关系里。

看着阴影，转身一定有阳光

面对阳光，背后一定有阴影。看着阴影，转身一定有阳光。这就是我们生活的状态啊！

娱乐记者们都在抱怨，明星们总是在假日或者深夜爆出一些劲爆新闻，害得做娱乐的记者和编辑们都不得好眠或安心放假。王菲和谢霆锋复合，王宝强因为马蓉出轨离婚，某明星偷腥被拍……每个让人看得津津有味的新闻一出来，娱乐记者们都要跟打了鸡血一样冲到前线。

每次有大娱乐新闻，很多朋友都会发微信来问，怎么样，是不是要开电脑写推文？作为一个敬业的媒体人，确实应该立刻开电脑做出反应。但是所有的道理都不适用于感情纠纷。大家问我，你要写什么？很多时候为了蹭热点，大部分文章写手都跟局内人一样是被蒙蔽了双眼的，一本正经在胡说八道而已。虽然是别人离婚，但是我们多少会去审视自己的生活和人生。

谁不是谁的过客，作为看客的我们凭什么去说别人的道理？你又不知道宝宝的苦，凭什么劝宝宝要大度？何况到底是谁受的苦比较多，我们又不知道。于是作为一名网红加媒体人的我，倒是对各大网站和社交平台对所有新闻事件的参与方式很在意。这种跟全世界人的生活都无关，不痛不痒并不会造成任何变化的娱乐事件，在互联网世界里倒是制造了很多不可思议的流量和估值。不能寄情于感情世界，总需要借助工作和事业来解解馋吧？无论是感情、家庭还是工作、事业，每个人都会觉得，有时候觉得很辛苦，有时候又觉得很幸福。凡事没有绝对的积极，也不会有永久的消极。

对着我的读者的时候，我觉得自己是真诚的，因为每一场见面会的面孔都是新鲜的，每一场都是萍水相逢、擦肩而过的缘分，每次都很幸运，看到他们仅仅是因为路过有个可以坐下来的地方坐下了，然后就这样微笑着，点着头，看我们讲了两个小时，我都会觉得很欣喜和感动。人的这一生遇到的困难和幸运都可能会淡忘，最难忘的，一定是遇到陌生的支持和认可。如果说我现在能想起来的遗憾，一定是在我曾经的交往中，或多或少忘记了这条规则，没有让那个曾经和我在一起的人感受到我对他的那份支持和认可。

既然能和一个人在一起，无论是做情侣、做同事还是做朋友，一定是基于立场匹配的情况下，给予支持和认可是我们可以给到对方的最好的礼物。

最好的相处方式和礼宾之道不过于知而不语，明而不说。我只认可我欣赏你、喜欢你的地方，对于你的错误和人性的丑恶，我选择为你祈祷。面对阳光，背后一定有阴影。看着阴影，转身一定有阳光。这就是我们生活的状态啊！

什么样的人才能叫有情有义？

有义的人会被人称为蠢，有情的人会被人骂是傻。本来情义就难两全，再被人啰唆两句，很可能就过上了无情无义的人生。

我从小是个好学多问的人，经常思考为什么大部分人听过很多道理，却终究过不好一生。我对此的结论是因为大部分人没有真正感悟和体验过。包括感情这个事情，我在很小的时候就知道感情这个事情是不讲道理，没有对错的。

例如，你的父母想生二胎，可能会问问你意见，也可能不问你意见。问了叫尊重你，照顾你的想法，即使不问也不叫不尊重你，因为生你的时候也没问过你，但是也不能说他们就不爱你。这就是感情。

爱情，从来都一厢情愿，来得莫名其妙，存在得虚无缥缈。爱有分对错，经常有人讨论，这种爱法不行，那种爱法行，应该怎么去爱，但是从来没有人说过有情有义不行，大家都尊重夸奖有情有义的人。

什么叫有情有义?

我觉得一千个人看哈姆雷特，就有一千个哈姆雷特。谁也说不清楚，所以我选择百度。

梅兰芳爱孟小冬，供养却不给名分，在那个三妻四妾的年代，孟小冬叫有情有义，梅兰芳这段感情被后世称无情无义。杜月笙爱孟小冬，大流氓千依百顺，展现出的气度包容，孟小冬一句“我算是你丫环还是女朋友”的暗示，就立刻筹备婚礼，让儿女儿媳都尊称孟小冬妈妈。大流氓得到的是流芳百世的有情有义的尊重。

现代人都太精明了，很难再有有情有义的人出现。有义的人会被人称为蠢，有情的人会被人骂是傻。本来情义就难两全，再被人啰唆两句，很可能就过上了无情无义的人生。这就是为什么大部分人听说过很多道理，却始终过不好这一生的原因。

肥姐在香港向来受人尊重，不仅因为艺高人品好，而且一生一段情感往事不断被人拿来茶余饭后，她也从来没有说过郑少秋一句不是。对全世界都知道的婚内出轨的郑少秋来说，肥姐是有情有义的。当事人不说一句坏话，任凭外人众说纷纭，始终是碎语。肥姐一人培育女儿，继续笑面迎人过自己人生的这种气度叫义气。

在香港也很少有人说郑少秋的不是，毕竟是感情的事，连郑欣宜都说自己从小就知道感情不能勉强。

无情有义的生活也很难过得下去，最终可能两败俱伤。韩寒的电影《乘风破浪》里的六一，背着两把武士刀鲁莽地只身去帮正太报仇，牺牲了自己，被很多人捶胸顿足地骂蠢。徐太浪明知道和自己的父亲徐正太去打这场架的结果，但因为感受着父亲的情和义，毅然前行。不知道韩寒导演怎么想的，我觉得他是向有情有义的香港电影致敬。要做一个受人尊重的人是很难的，我暂时做不到，只能是凡人一个。

不要期望自己遇到的每个人都有情有义，有情有义的人必定有绝情绝义的决心，你不会喜欢这样的人。有绝情绝义的决心的人，也绝对不是一个轻易就能让人喜欢的人。

谁没有被生活欺负过，只是你把它留在了脸上

没有所谓的好命，一切，都是自己挣来的。

在《欢乐颂》里面，貌美如花的樊胜美家境破败，家境富裕、外表精灵的小曲有个天天互相找碴的同父异母亲哥哥，父母疼爱、玲珑乖巧的关关无法勇敢表达自己的内心，外表坚强、继承了巨额遗产的安迪处处遭人妒忌猜测，生父在前却因仇恨不能相认……

那些人上人、天之骄子、表面上看起来风风光光的，哪个没有被生活欺负过，但是谁又能从表面看到一些端倪？为什么大家的理想都是愿你出走半生，归来仍是少年，脸上不挂沧桑不挂彩，心中深藏功与名？

有的人却不是，非得把自己的经历写在脸上。小张就是这种，上大学之前，因为黑灯瞎火的看书，把眼睛看成了600度近

视，高中开始就戴着玻璃瓶底那么厚的眼镜。

别人一看就知道：嗯，是个书呆子。

大学毕业之后，小张朝九晚五地去人才市场找工作，身上的衣服都皱成了老头脸上的褶子，腋下前胸后背还有一块块的汗渍。

别人一看就知道：嗯，是个还没有找到工作，到处奔波的菜鸟。

工作之后，小张坐办公室一坐就是八九个小时，加班一不小心就到半夜，吃的不是地沟油炒菜就是麻辣烫，腰间不自觉就长起了车轮胎那么大一圈的赘肉。

每当被别人嫌弃自己的外貌的时候，小张都安慰自己，那是因为别人没有发现她的内在很可爱。直到有一天，小张听见每天打扮得明艳动人的丽丽在被别人夸奖漂亮之后说："虽然我很漂亮，但是我希望你知道我不仅只是漂亮，我的内在还很可爱。"

听到这句话之后的小张，简直有要撞墙的心，明明是自己的台词，却被丽丽抢了。最可恶的是，丽丽不仅可以大方地说出她的内心话，还比她多了一个长处，就是好看，有一张从来没有被人欺负过的脸。

小城市的人都在笑话大城市的女孩子心机重，出门买个菜都要描个眉化个妆，可是当他们和大城市同龄人站在一起对比的时候又会不自觉地赞叹：你保养得可真好啊！看起来跟小姑娘似的。

是的，好像别人在大城市生活就有防腐剂吃似的。明明你在小城市空气要比别人好，上班时间要比别人短，休息时间要比别人长，生活琐碎事要比别人少，为什么你摆出一副你被生活欺负过的样子，还要去嘲笑别人的不留痕迹？

我看到越来越多的女性，她们工作在最前线，化着精致的妆容，穿着得体的套装，眉目带笑，语气温婉。她们的工作也可能是通宵达旦的，她们的上司也可能是凶狠严厉的，她们也可能承受着巨大的家庭负担和精神压力，但是只要一出现在别人面前，这些背后的狼狈不堪都会变得无影无踪，面对生活和新的一天的只有充满朝气的面孔。

没有人不会被生活欺负，就算是《欢乐颂》里看起来要风得风要雨得雨的曲妖精，也难逃家道中落的悲惨。而投胎技术差一点的普通人，如你，如我，从降临这个世界开始，就注定要在与生活和命运的博弈中走完这一生。

对女人来说，这个世界对她们的要求永远更多，你要漂亮，要能打理家务，要能生孩子，要能教养孩子，要孝顺老人，哦，对，现在还要能挣钱。而有些女人，好像永远都能云淡风轻地面对这一切，她们被加上了诸如“生活的赢家”这类光环。不了解的人说，她们是好命，而她们会说，没有所谓的好命，一切，都是自己挣来的。

谁没被生活欺负过？只是你把它留在了脸上，别人却抹去了狼狈和不堪，让自己过上了仿佛从来没有被欺负过的人生。

那些过去的人和物都不是永远的依靠

如果可以的话，我希望永远记得那些带着歌声带着场景的画面。每当想起这些画面，我会知道，我从来没有被打垮过。

在每个倒霉的下雨天，每个人心里所有的伤疤都会发炎。

到了我们这个年龄，如果没有什么要求父母帮忙的，通常都会有点害怕和父母天天待在一起。

我曾经特别喜欢待在我爸妈身边，可能因为大学和大学毕业后一直都远离父母。

有一次我闺密说，她特别怕父母去看她，因为她的父母实在太吵了，让她没办法在家专心写剧本。她总是会一早就被叫醒，然后拎着她的电脑，像上班一样，去到家门口熟悉的咖啡馆，或者继续打瞌睡，或者打电话，又或者就这样静静地坐着什么也不想。

即使是这样，我也觉得父母在身边是一件太幸福不过的事。我的父母偶尔来和我住一两个星期，无处发泄的时候，我也会觉得他们好吵，好烦。我妈妈每天六点多就会起床，那是她从我们还要上学的时候就养成的习惯，因为她每天要给我们做好早餐，叫醒所有人，然后一一送出门。到我大学毕业后回到广州，我觉得我弟弟的话变得很少，在家里总是不说话，我爸妈跟他说话，他也爱搭不理的。我问他什么意思，他跟我说，你在家多住几个月就会懂了。

果然，三个月后，我妈每天把所有注意力都放在我身上，每天六点多起来自己忙活两个小时后，实在找不出什么事情可以做了，就开始挨个叫大家起床，告诉你早起的鸟儿要去吃虫了。这让晚上总是看文章看到两三点的我很崩溃，难怪我弟弟总是挂在嘴边一句话是：早起的虫儿才被鸟吃。

写字虽然看起来像是一件随时随地都可以做的事，但实际上写字是一个工作，而且是一个需要毅力和意志力才能完成的工作。我曾经以为写作需要来情绪，所以经常给自己酝酿各种情绪，但是后来根据经验我发现，工作就是工作，写作也是工作，在工作中酝酿任何情绪都不利于自己发挥。

所以当你希望发泄自己的情绪的时候，你最好不要工作。每个人都会有不想工作的时候，这很正常，并不可怕。你以为一个人一直都是乐观的，却不会知道他需要在没人的半夜蒙着头大哭大叫，没有了这种空间之后，他会被迫做出对亲近的人发火的事。

我妈妈说我从小就是一个很听话的孩子，几乎没有出过什么大差错，也不会违背父母的意思，即使有不一样的想法，也能用自己的逻辑说服他们。看起来所有的决定似乎都不是我做的，但实际上，大部分重要的决定还是我自己的想法。

我父母算是成功的父母，三个孩子都上了名校。每个孩子都既有自己的个性，又从不做出格逆反的恶事，所以每个人都会向他们讨教教育的方法。我们做的事情几乎没有被父母严格禁止过，鼓励和赞赏他们也从来没有吝啬过给我们。

现在想起来，万分感谢我父母的包容，让我们有机会自由飞翔。如果有些决定不是来自于我们自己，我们恐怕要后悔和埋怨一辈子。

我从我父母那得到的最好的教育就是自己做决定，他们提供意见。时代与时代没有可比性，人与人之间没有可比性。我经常跟父母说，他们的经验不一定适用于我们了。如果我有足够的论据，我可以说服父母同意我的每一个想法。如果不能，也没有足够的论据，那只能怪我自己不敢放手一搏。

我在北京，父母没有在身边的时候，特别难过，需要发泄的时候，我也会像小时候那样哭着喊妈妈。后来，我回到广州，父母在不远的地方，我反而压力很大，无处发泄的时候，晚上做梦会梦见回到中戏，大学的常春藤随风轻轻一扬，感觉那是最无忧无虑的时候。

过了三十岁，体验感多了，一有想不开的事，我就开始回忆，没想到长大后事情真是一件比一件难堪。

然后我得出一个结论：父母和曾经的背景，还有那些过去的人和物，都不会是永远的依靠，都不如找个地方藏起来大喊大叫靠得住。

下雨天会想起喜欢下雨的人，听不同的歌会想起不同场景里的人，好像宋冬野永远记住的董小姐和莉莉安，水果店的老板娘，悲伤的老王还有郭源潮。我也永远记住了，在学校门口和我哭着吵架的一姐，在三元桥被我扔了车钥匙的艾薇安，在淋着雨的车窗上画了两个头像的超超，阳台下面，黑夜中树下的白衬衫。

还有摇下车窗吹风的夜晚，无目的地闲逛。如果可以的话，我希望永远记得那些带着歌声带着场景的画面。每当想起这些画面，我会知道，起码在这些真实存在过的景象里，我从来没有被打垮过。

如果这是一场意外，你还会不会重来？

明知这是一场意外，你还是会重来；明知道这是一场重伤害，你还是会为他耽误十年八年。

我在写这篇文章的时候听着薛之谦的《意外》，但是并不知道他即将告诉大众，他又找回了那个曾经爱过又分开的前妻。中间肯定是发生过很多故事的，没有关系，长这么大，活这么久，谁没有过一点故事呢？

果然，后来明知道是一场意外，他们还是重来了一次。

看着他们的故事，有时候我觉得，人生就是一场又一场的意外，即使让你回到过去，你也不会改变历史重来，因为一切都命中注定，就算是意外，你也还会那样选择。

不止是薛之谦，我也见过大部分的人嘴上说着，劝告大家，千万不要像我这样，做出曾经那样的选择；又或者嚷嚷着，如果再让我做一次选择，我一定不会是现在这样。

就好像射手座的大姐大，姐在圈中一呼百应，可能连她自己都不知道这种影响力从何而来。大家把在饭局上能喝能侃喜怒形于色的人叫作性情中人。性情中人就是容易一呼百应。

喝多了两杯，走的时候，我搂着大姐大要送她回家。姐说自己从来不缺男人，身边围绕着无数追求者。我说是，你只喜欢那个你得不到的。这明明是射手座的特性，身边的几个射手座男女朋友，性格脾气好，来者都不拒，害死很多爱慕者。偏偏那个碍于条件他永远得不到够不着的，才能留在他心里。如果那个得不到够不着的愿意和他在一起的话，射手座可以抛下现在的所有情人去赴汤蹈火。

他们似乎一直在后悔自己没有做对选择。姐说她并没有那么颜控，只要让她找到一个开厂的男人，她就嫁了。我说，你要一个开厂的有钱又帅又能聊，好像并不存在。即使存在也是别人的男人。姐很搞笑，小手一摆，说只要厂能吃一辈子，口臭都可以！但是真的让她在这个场景下再做一次选择，她依旧还会摆出自己会后悔的那副模样。

其实大姐大超有钱，在城中房价最贵的地段有几套豪宅，自己买辆玛莎拉蒂或宾利开都是没有问题的，但是她怕失去让男人送回家的机会，总在生活中透露出小女人的弱点。

大多数人对自己望尘莫及的女人都会说，你不要太好强，这样找不到另一半。我可不这么认为，现在无论男女老少，只要找对象，就好像没有人不想找强大的，连男生都会说找女朋友一定要找非官即贵的，踏上好平台，可少奋斗几十年。任何玩笑都有认真的成分，我还采访过我男朋友什么情况下男生会想结婚，他想了一下，脱口而出的第一条竟然是：发现结婚可以得到重大的机会。我想来想去这结婚可以得到重大机会的意思应该是飞黄腾达，重大的利好吧。每个人都想找一个比自己强大的对象。

所以男人女人都一样现实，还好姐手里房子够多，嘴上说要找的是开厂的土豪，实际上可能也只是图一份两人心无旁骛过日子的无忧无虑。女人很多时候恨嫁，并不是真的在意那一张证明，更多时候是为无助时候的自己找一份保障，有一个可以随时依靠的肩膀。但这些都是臆想，只有你强大的时候才会有人愿意提供肩膀，当你弱小的时候，提供肩膀的人就算近在咫尺，你也靠不到。

我见过另一个好姐姐，独立公关20年，气场强大为人又温和，最后也是嫁给了开厂的土豪。大家觉得找到一个迁就呵护她的男性，即使背景从未有过交集也没有关系。但是这种男人除非强大到可以勇往直前地包容和支持，否则中途只要稍微有停顿，姐姐们可就没有耐心跟他再纠缠下去了。

不过，没办法计较太多，人生路上姐姐们的经历告诉我，明知这是一场意外，你还是会重来；明知道这是一场重伤害，你还是会为他耽误十年八年。

你可以嫁给我吗？

女人天生是有特权和优势的，被男人追求是正常的。

很久没有听过一个男人对我说：“你可以做我女朋友吗？”

谈的恋爱多起来以后，很多次恋情的开始都并不是由这句话开启。那些顺其自然和突如而来或者一见钟情，都直接被动作连接起两个人的感觉。大家都觉得说出这句话，得到鼓励和肯定是小孩子做的事。对于成年人来说，这句话的确定性太强烈，反而令人害怕。年纪越大，听见这句话的概率越小，因为男人的年纪越大，越懂得问出这种问题所需要的条件，所以他们说出口的概率也越小。

这也是为什么大部分女人会在男人单膝下跪说出那句“你可以嫁给我吗？”的时候捂脸痛哭。敢于说出这句话的男人已经很了不起了，还有很多男人都是耗到女方说出那句“我们结婚吧”才走进婚姻。

无论一个男人是因为什么顾虑而不敢说出这句“嫁给我吧”，能说出这句话的男人，起码在那一刻是man的。因为求婚意味着，他尊重女人的决定，他重视这个仪式感。他并没有因为知道你要嫁给他就把这个让你回答的机会抹去了。要知道，很多男人因为认定你没有别的选择，已经是囊中物，所以会觉得根本没有做求婚这个步骤的需要。尽管很多女人也不介意，但是他们在生活中总是会经历这样那样的争执。因为没有经历过仪式的人生，总是有很多左右摇摆和自以为是的存在，所以生活总是会有更多的争执。

《欢乐颂》中的小包总人设大获女人心。他对安迪不是包容，不是纵容，是霸道总裁迷弟。当他搂着安迪说“别动，推开我，谁来疼你！”这句话的时候，所有女人的玻璃心瞬间都被击碎了。

每个女孩都像一条小小的蚯蚓，没有铠甲的身体，所有的如泥土般温暖的语句都可以戳中内心。哪个女孩不是假装成一朵待放的花，但是每一场大雨都可以把它打得七零八落。

几乎每个女孩都在别人的婚礼上被感动流泪过。不是每个女孩子都渴望婚姻，但是每个女孩都希望被疼爱。每次在婚礼上听见新郎对着新娘说“感谢我的岳父岳母养育了如此之好的你，我会倾毕生之力去保护你，爱护你，对你好，对你的家人好”时就特别感动。承诺在众人的见证下，更显得庄严和神圣。得到被众人瞩目过的承诺，大概是每一个新娘最大的心愿吧。

安迪因为不想自己的身世和病患拖累小包总而拒绝他的求婚，但是小包总说：“每个人在这个世界上都活得焦头烂额的，即使没有你这样的麻烦也会有各种各样的麻烦。你以为你不麻烦我，我的人生就会一劳永逸吗？并不会。依然是在水深火热中。所以你不必怕麻烦我。”

小包总对安迪再三提示：你是美女，美女是有特权的，请你尊重自己的特权。小曲教育22楼的几位好姐妹自己是怎么搞定男朋友的，只有一句话：因为我是女人啊。

女人天生是有特权和优势的，被男人追求是正常的，但怎样用好这个特权，让男人心甘情愿去宠你疼你而不是觉得你在胡搅蛮缠却是个技术活。虽然现在满大街的鸡汤和秘籍都在教女人提升这个技术，但纸上谈兵是一回事，真正领悟精髓恐怕不是每个人都有那个悟性。所以，才有这么一句：你喝了那么多鸡汤，却仍过不好这一生。

也许有女汉子可以很豪气地说，我不需要男人向我求婚，我可以向他求婚。虽然豪迈，但事隔多年后，想必没有哪个女人不会为男人当年少说的那一句“嫁给我”感到遗憾，即使恩爱依旧，即使白头到老，也总会忍不住嘴上埋怨几句，毕竟，对女人这种感性动物来说，那一刻的感动，可以延续一辈子。

如果有一个男人，肯温柔地看着你的眼睛，跟你说“你可以嫁给我吗”，即使他没有鲜花、没有钻戒，即使没有一个浪漫唯美的场面，也请你珍惜并感谢，因为那一刻，将会是你多年以后最美好的回忆。

02

CHAPTER 2

第 2 章

愿你的才华配得上你的随心所欲

做一条翻腾的鲇鱼

想克制成见最好的办法只有一个，就是牢牢掌握住话语权。

对一个人有成见是一个集体里面最正常不过的事情。

没有一个集体攻击的对象，这个集体得多没有凝聚力，多不团结，多不友好。只要有人群，就一定有不一样的站队。

职场里总会有人觉得你有背景就不务实，有关系就不勤奋，长得好看办事肯定不灵，高学历一定就是低能力，有能力可是出身差没学历……

正如你也会觉得有人嚼舌根，耗时间，拍马屁，挑拨离间……

一个人的个性确实就如“江山易改，本性难移”这句话所说的一样，所以要别人改变成见也是几乎不可能的。

对他人的成见怎么破解？唯一的办法就是吃掉他。“鲇鱼效应”就是这样。在职场里面如果懂得好好运用“鲇鱼效应”，就可以让自己更快地成长，得到一个不一样的境界和格局。

“鲇鱼效应”是指在装满沙丁鱼的鱼槽里放进一条以鱼为主要食物的鲇鱼。西班牙人很喜欢吃沙丁鱼，但是从海上打捞回来的沙丁鱼通常到岸就会死掉，这样鱼不但不好吃，渔民的损失也重大。

有经验会观察的渔民研究了很多让沙丁鱼活得更长久的方法，其中之一就是在沙丁鱼槽里面放进一条以吃小鱼为生的鲇鱼。鲇鱼进入鱼槽后，由于环境陌生，便四处游动。沙丁鱼见了鲇鱼十分紧张，左冲右突，四处躲避，加速游动。这样一来，一条条沙丁鱼活蹦乱跳地回到了渔港。原来鲇鱼进入鱼槽，会使沙丁鱼感到威胁而紧张起来，加速游动，于是沙丁鱼便活着到了港口，这就是著名的“鲇鱼效应”。医学界认为人们受到惊吓或刺激时，肾上腺会分泌出大量的激素，使人产生前所未有的能量和生存力，所以人在受到惊吓或精神高度紧张、亢奋时，常常会迸发出超常的能量。

“鲇鱼效应”体现的是忧患意识的重要性。沙丁鱼型员工的忧患意识太弱，一味地想追求稳定，但现实的生存状况不允许他们有片刻的安宁。“沙丁鱼”如果不想窒息而亡，就必须活跃起来，积极寻找新的出路。

鲇鱼代表的内容是不同的，对于一个从业者，领导可能是鲇鱼，那么你的努力最好和组织保持同一方向，不要往后游，否则就有被吃掉的危险，永远充满激情地向上游，也许某一天你也变成了鲇鱼，赶着一群沙丁鱼向上奋斗；你的同事也可能是鲇鱼，那就和他比拼比拼，看谁翻腾的能量更大；你的下级也可能是鲇鱼，那就在激励下属成长的同时，别忘了给自己充充电，保持强劲的发展势头，否则你也有被下属吃掉的危险；你的工作中也可能有鲇鱼，那就合理地安排自己的工作，分清主次，让鲇鱼越游越欢，最好能到上一层工作岗位上去搅动一番。

弱肉强食，物竞天择是大自然的规律，成王败寇，只有占据上风的人才有最终的话语权。想克制成见最好的办法只有一个，就是牢牢掌握住话语权。

所以，如果你在职场里面是众多沙丁鱼中的一条，那必定终日在成见中浑浑噩噩，或许时间长了习惯了，积极性就此死去，又或许干脆混在其中，等死不自觉。要逆袭只有一个途径，就是让自己成为那条鲇鱼。

当然，所有的沙丁鱼都会一边害怕鲇鱼，一边盼望着鲇鱼赶紧滚蛋，死一边去。

那有什么所谓呢？按沙丁鱼的体量注定是不可能击败鲇鱼的，它们要是有那么幼稚的想法，就随它们去呗！

愿你的才华和能力配得上你的随心所欲

相信自己的判断，不被外界干扰和左右，更不要因为三姑六婆的一句闲话而纠结。

很多媒体来采访我，他们都很关心女性在职场应该怎么样表现自己，怎么样才可以逆袭成为《欢乐颂》里面安迪那样的成功女性。

正巧最近在热播《欢乐颂2》，里面住在同一层楼的五位美女都身在职场，高低贵贱一目了然。安迪处在职场的顶端，作为企业高管，无论是学历还是经历，能力还是判断力都非常国际化。

自己开公司的富二代小曲毒舌爽快，为人仗义，她常说的一句话是：做人真正经，自己最累。比如保守派关关，她暗恋赵医生，对小曲内心不爽，表面又人人都要讨好。

做人假正经，身边的人最累，比如家里一个烂摊子、独闯都市的小城女樊胜美。做人不正经，只要有能力，别人都会觉得你是真性情，这说的就是学霸出身的安迪。安迪做事完全遵循自己的内心，对人情世故没有半点的犹豫思索，无论是遇到工作还是生活上的大小事，都只听从自己内心的抉择，很少会去询问别人的意见和建议。

其实我们身边大部分的女孩都处在关关和小蚯蚓的阶段。她们对工作没有一个高机位的视角，手上永远有干不完的细活，对自己的职业前途没有任何规划，见一步走一步，最大的想法就是早点下班，回家做做小姑娘的手边事，拌拌嘴过日子，最好找一个做技术的宅男男朋友，也是朝九晚五的，下班就能见上面一起吃上饭。

年纪稍大一点的就变成樊胜美，哪怕工作岗位在中层，每天周旋在同事中，只要不犯错就可以保住饭碗，稍微上点心没准可以升职加薪，不是剩女就是兼顾家庭的妇女。找个老公最好有车有房，如果没有，两个人一起一心一意扑在还房贷和车贷上，省吃俭用也没问题，只要人前人后能看起来风风光光的，实际上却永远生活在羡慕安迪的事业和曲妖精的家庭的阴影里。

小曲虽说是富二代，但是生在创一代家庭中的孩子一般分两种：一种是没多大能耐的继承者，另一种则是骨子里自带马达的创二代。小曲的哥哥和小曲就是这两种人。为了得到父亲的信任，证明自己的能力，建立起自己和母亲在家中的地位，小曲从太妹到创业者的转变非常明显。虽然知识底子很弱，但是她的学习能力很强。富人理论里面，没有解决不了的困难，只有你没找到的方法。所以无论是在公司业务还是在追求高冷知识分子赵医生这两条线上，都可以看到她不断地攻坚克难，遇到不懂就翻书和搜索。小曲的这种学习能力比一般人上学的时候去被动学习要成长得更快。

关关和樊胜美就属于无实物学习型，她们知道要提升自己，但是这种提升往往是死记硬背的。除非用在与自己此刻做的事情相关的内容上，否则只是多了一张证书和文凭。而小曲不一样，虽然她每次都是以草包的面目撞板，但是她的吸收能力很强，很会总结经验教训。从她嘴里把一个个吃过的亏变成一条条教条就可以看出，什么样的人更能在职场和生意场上成功。

在职场上能站稳脚并以大局观事，以理性做决断的女性都有着跟普通小女孩不一样的价值观。又比如小曲教育关关：要是你满脸痘，谁有心思去发掘你的心灵美啊。比如樊胜美的男朋友王柏川闪烁其词地请求安迪引荐他去和小包谈业务，他为顾及樊胜美的感受，把这个事情表达得偷偷摸摸，樊胜美知道以后自尊心受挫以至于不能接受小曲投来的眼光。对于这一切安迪却很坦然地只说了一句：利用人脉资源做事情是再正常不过的事情了。

安迪、小曲、关关、小蚯蚓和樊胜美五个人在职场价值观上明显有不一样的格局，这也就是她们在职场上混得不一样的根本原因。

随心所欲不是任性脑残，而是一种经过了量的积累后内心的强大和自信。相信自己的判断，不被外界干扰和左右，更不要因为三姑六婆的一句闲话而纠结。自己的经验和能力摆在这里，就算错了，也认了，大不了从头再来，这种格局，需要强大的内心。

所以，如果你羡慕安迪和小曲，却清楚自己不过是关关和小蚯蚓，不要觉得自己只是投胎技术不好，说到底，是你的才华和能力还配不上随心所欲的生活。当你的业务能力足以支撑起公司的半壁江山时，估计就算是老板也要给你几分面子。

最怕的是，你浑浑噩噩过了大半辈子，一边羡慕着安迪那样的女人可以理直气壮地掌控自己生活和事业，一边却安慰自己平凡可贵。

并不是所有的行为都需要变现

很多商业的成功，出发点可能还真的不是为了赚钱。

这两年和很多创业的朋友还有投资人聊天，无论做什么事情，大家都会问有什么变现途径？如何变现？一开始我还会兴致勃勃地和大家一起研究，后来慢慢就不太愿意说话了。对钱这个事情讨论过多的时候，钱反而变成了让你最难受的一样东西。

最近去世的洛克菲勒大富豪虽然是世界上一等一的有钱人，但是其家族六代都严格遵守着洛克菲勒一代的财富管理法则：我们只是在帮上帝管理财富。

洛克菲勒一代当年比90%的有钱人加起来都有钱，可是他养了五个女儿一个儿子，个个都当成穷孩子来养，在纽约人家都不知道他们老爹是首富。到了洛克菲勒的后代，个个靠花钱都能花出一个伟大的家族。我们所见到的每一个可以称之为伟大的家族都做了不少的慈善。这也能解释为什么大部分富豪在完成了财富积累之后便开始投身于公益事业。因为当财富积累到一定量后，你的声望并不会再跟着财富的高垒而提高，反而是消费在大众身上更能提高声望。

更多比变现更高的价值并不是靠变现赚钱来获得的。钱最大的作用其实应该是分享。

我常和我的家里人说分享者将会是这个时代最大的受益者。我们看到千百年来的作家，他们正是这些分享者。在这个时代，具有分享精神和分享意义的人有了更多的平台可以展现自我和互相交流。在互联网上，我们很轻易就可以认识到很多的朋友，了解到更多的知识。

今天，我觉得身份、地位、背景、生长的环境都不能让人与人之间产生巨大的差别。人与人之间的差别，不是由身份背景决定的，准确地说是由认知决定的。对世界不同的认知度，让我们有了不一样的人生态度，从而有了不一样的命运。

在基督教里面有“十一奉献”一说，多种的就多收，少种的就少收。就是说每个人都应该把自己收入的十分之一拿出来奉献给教会，多奉献的人收获就会更多，少奉献的人收获就少一点。这种奉献发展到现在，已经没有具体说要捐献多少钱出来，只要是拿出来做分享之用，就一定有收获。这种在教会中得到的收获，不是钱能衡量的。赚钱的目的是什么，不就是为了得到丰盛的人生，过得平安如意吗?

很多商业的成功，出发点可能还真的不是为了赚钱。马云也讲过，不为了赚钱而做的事，才有可能会赚钱。为了赚钱去做的很多事通常都会以失败告终。就像滴滴和共享单车，很多人刚开始都理解不了这两种模式是怎么赚钱的，但是滴滴的创始人和共享单车的创始人最初的想法就是，做一件改变大家出行方式的事，让大家过上更便利的生活，实在不行就当是做公益了。

而这种事情，往往就能成功。

创业可能是改变人生的机会，也可能是个坑

每个人的创业经费都不一样，程度不一样，成果不一样，但是最后得到的可能都只是一个过程。

比起待在家里游手好闲，插花遛狗，创业确实是个更好的选择。创业会让你所有的学识变得有意义，会让你所有的空虚被没完没了的焦虑填满。

我是鼓励女性创业的，因为只有创业才能让一个女性充满灵动的气质，让一个人无论是身体还是想象力都保持在与社会同步的水平。当然并不是每个人都适合创业，创业并不是像旅行美食达人那样看起来吃喝玩乐，风光无限。创业是承受着一个叫作老板的称号，身体和精力都被推到极致紧绷随时要断的橡皮筋状态。

女人总是这样，一没钱就想结婚，一有钱就想创业，一创业就没钱，一赚钱就学坏，一赔钱就怀疑人生。做个贤妻良母依

旧是很多女性的最美好的理想，即使是事业有成，每个女人最大的愿望仍然是希望兼顾家庭幸福。

我妈妈就是一个创业能人，她可能都没有意识到她的创业精神从童年时候就开始影响我，让我也变成了一个不甘心坐吃山空、不甘心落后于旁人的爱折腾的创业者。我妈妈在生了我的妹妹和弟弟之后，本来应该是一个忙碌的家庭妇女，每天应付我们三个人的三餐和上下学的接送，就已经可以把她一天的时间充满。那个时候我爸爸像所有事业心澎湃的男人一样，每天晚上都不回家吃饭。我妈妈应该是有不安全感的吧，于是她就开始在买菜的路上、做饭期间，追着我们几个小孩子喂饭的时候开动脑筋，想出了各种创业的路子，比如开个卖米店，开个早餐店，在学校门口开零食店，等等。

我妈妈是成功的，在我弟弟妹妹上了小学后，她就开始开饭店，一开就是十几年，我爸爸为此表示非常服气、佩服和膜拜。因为我妈妈不仅把一家人照料得很好，而且完全沉浸在自己的工作生活中，过得如鱼得水。

所以在我妈妈更年期的时候，我爸爸的忍让也是超乎想象的。因为我妈妈的担当和自信让她在家庭中的地位很高。虽然我爸和我妈也斗斗嘴吵吵闹闹的，但是我爸几乎一天都不能离开我妈的照顾，所以两个人几乎都是形影不离的。

创业的目的如果是为了赚钱，可能会很辛苦。钻在一个钱洞子里最容易失去自己，一旦赚不到钱就会放弃，这样的创业不会长久也不会成功。其实在创业这个过程中所历练的一切和得到的气质才是最有价值的收获。

我经常观察身边的人，各个层面的都有。开个美甲店叫创业，在朋友圈卖洗衣片衣服鞋帽也叫创业，写文章开公众号也叫创业，开商场建楼房也叫创业，每个人的创业经费都不一样，程度不一样，成果不一样……但是最后能得到的可能都只是一个过程，就是创业这段时间曾经不寂寞。

创业这个过程可能是你人生中最大的一笔开销，而花费这么巨大，得来的不是赚到更多的钱这么简单，最重要的是经验和体验，这是别人不会有的。所以很多富豪走到生命的最后，明白了这个道理，就把身家财产全部捐出去，社会上得来的，归于社会。人间走一趟，钱财身外物，其实都只是在为上帝管理财富。

虽说人无股权不富，
你也别用股权骗我免费劳动了

好歹我们也是每分钟都赚钱的人，我得把我的价值告诉你，不帮你忙，是因为你付出的还够不上我的付出价值。

话说最近很多人约我谈话，都说，来，我们聊聊天，吃吃饭，看看有啥能对接上，导致我忙碌不堪。很多时候我碍于面子赴约了，要么发现聊的是没营养的话题，要么就是有一搭没一搭的空想。真的没空闲聊啦！用以前香港电视剧里手拿大哥大讲电话的商务人士讲的一句话来说就是，我分分钟都几千万上下，不得闲跟你在这里浪费时间！

虽然我也没有分分钟都几千万上下，但好歹也是分分钟都可以赚钱的人。

咪蒙最早的爆红文《致贱人：我凭什么要帮你》很多人分享，说明大家对那种莫名其妙认为你的协助和付出是应该的人早已经忍无可忍。大家都是有价值的人，特别不乐意碰上拎不清的

人。但是真要碰上拎不清的人，最直接的建议是像个商务人士一样去拒绝他们的要求。

“我好歹是年薪一百万的人，你叫我帮你做这个事情，你好意思吗？”

这是我研究出来最有逼格的拒绝的话了。我从来不拒绝别人，一旦拒绝起来，都是让别人不再好意思上门。最好的拒绝方式就是，让那个提出你不愿意接受的要求的人，知道你的价值在哪里。不用再转吐槽文啦，负能量太重，何必呢？关于拒绝，咱们从来都是直接的，要么你就牛逼得跟我一样，叫我帮什么忙，我都愿意，要么就让他们知道，你已经牛逼成这样了，找你帮这个忙，就是他们有眼无珠，不识时务了。

但是关于情感，你有故事，我还是有时间的，关于投资，你有钱，我也是有点子的。这么说有点现实，但是这个世界就是这样，你浪费一点时间少吸收一点信息，就会落后。

还有一部分人更绝，一上来就说我最近有个怎么怎么样的项目，你来帮我做什么什么，我给你多少多少的股权。如果是十八岁，我会立刻积极的去张罗，可是我从十八岁就被别人用股权骗到了三十岁，现在别人再跟我说这话，我会直接翻个大大的白眼。

虽然说二十一世纪人无股权不富，但是在拿过很多无用的干股，做过很多无谓的事，损失掉价值连城的时间成本之后，不能兑现的股权，已经严重导致了我的正常机遇被浪费！

我的大学同学李大嘴就是这样，别人说你去给我拉一百个电影学院和戏剧学院的帅哥美女来帮我们录视频做演艺资料，我给你10%的演艺公司的股份。于是他花了一个月把两个学校四个年级表演系的同学资料搜集起来，挨个磨破了嘴皮子软磨硬泡地得到授权后交给承诺人。后来，这家公司无疾而终，忽悠他的那个公司老总跑去剧组做了副导演，等到那家公司连座机都被注销后，李大嘴的干股也就不了了之了。

大学毕业后，李大嘴做编剧，很多有意投资影视剧的有钱人指着热播的电视剧说，你给我写一个这样这样的戏，又或者拿着不知道从谁那里搞来的大纲说，你给我把分集搞出来，我们投拍这个戏，这个戏我们有关系卖到中央电视台和卫视，卖片的钱我们给你20%。

结果是，这个戏被改了剧名，改了所有人物的名字，当然也包括改了编剧的名字，拍出来后，不知道被卖到了哪些地级市台播了又播，而大嘴好像连剧本枪手费的影子都没有见过，更别提那所谓20%的分红了。

就这几年，因为做媒体十年，我积累了不少人脉和关系，依旧有无数的生意和牵线活儿找上门来。他们都说，你给我介绍那个谁谁谁，这个事成了之后，给5%的提成。还有那种，你帮我做市场推广，我们给你30%的干股。

我做设计师的表弟，已经因为别人让他画装修设计图差不多跟所有的亲戚朋友还有同学翻脸了。因为只要提起他是做设计的，所有人都对他说，你有空就帮我把这个装修设计图给做了，但是从来没有人问过他到底要收多少钱的设计费。因为在别人看来，他有空就做的这个事情不过就是他灵感来时随手一弄，顶多请你吃顿饭就好。

表弟说如果按大家的这个思路，还没等到别人请他吃饭，本来要靠做设计吃饭的他就已经被饿死了。所以每次只要有人跟我表弟说："你不是学设计的吗？你帮我画个图，改天请你吃饭。"他从来不回复，直接把人拉黑。

如果我仍旧年轻，我依旧不懂得拒绝任何人，因为我还善良天真，不论你是否给我提成和股份，我都会给予你所需要的帮助，但是，因为我们都是有各自的能力和市场的人，我不会再因为你许诺要给我的提成和股份而被绑架，也不会再为那些看上去很美却永远不会兑现的蓝图而激动，我只相信，有诚意的人，永远都不会刻意回避跟你谈钱。

如果是费时费力费精神气儿的活儿，当然是更希望得到正常的回报。可以是市场价格，也可以是感谢之情，但是千万不要用你请吃的一顿饭，又或者是你口头承诺的干股来兑换。

如果我要你的股份，我不仅会出力，还会出钱。如果我不要你的股份，那么请你理解，你也应该付出合理的价钱来买对等的服务。

这跟咪蒙爆红的《致贱人：我凭什么要帮你》一个道理。挂掉电话后，我不会敲下文字骂，我为什么要无端端帮你忙？在挂掉电话前，我就会理直气壮地告诉对方，你说的这个要求，你提的这件事，平常我们都是收劳务费的，费用标准是……

好歹我们也是每分钟都赚钱的人，我得把我的价值告诉你，不帮你忙，是因为，你付出的还够不上我的付出价值。虽说这年头人无股权不富，但是你也别用股份来骗我免费劳动啦！

开餐厅的都是活雷锋

如果你开一家餐厅本来预算要花100万，那你最少要准备300万在兜里。如果你本来预算是300万撑一年，那么请你准备好1000万来赔。

我做了十几年的美食节目，在我自己开餐厅之前，我看到的大部分餐厅都是赚钱的，但是在我自己开餐厅之后，我看到的大部分开餐厅的人都是活雷锋。

一位在餐饮界地位举足轻重的老板跟我讲：“开餐厅，十有八九在水深火热之中，只有一两成是成功稳定的。”这么说确实也很符合“二八定律”，这个世界百分之一二十的人掌握着百分之八九十的财富。生活中也普遍存在“二八定律”，商家80％的销售额来自20％的商品，80％的业务收入是由20％的客户创造的；在销售公司里，20％的推销员带回80％的新生意。

我每次到一家环境好、人流少、出品佳的店，都会主动去问服务员老板在不在，如果老板在，我都要走过去，由衷地对他道一声谢，感谢你把美食分享给我们，我知道你不容易，你真是个活雷锋。

以前开餐厅是最底层最没有门槛的生意，只要你会做你肯做，找个门脸儿就可以开张了。现在开餐厅的老板里却来了越来越多的高知识分子或者超高能力的意见引导者。我自己开过餐厅之后，很多人向我讨教经验，有一家自己的饭店或咖啡馆几乎成了所有人的基础理想。但是我一直很着急想大吼：你一个高学历、有能力、交际广、人缘好，还有钱的人，干什么不好，非要来开个餐厅?

然后我发现，大部分人的初衷和我自己当时开餐厅的初衷是一样的，那就是：我希望开一家店，有安全的食材和干净舒心的环境，把自己觉得好吃的东西分享给大家。最重要的是可以招呼自己的亲人朋友来，大家都可以吃到很放心的美味，还能赚点钱，至少会比做个上班族要快乐自由，不是吗?

你看，这明明就是活雷锋的想法啊！安全的食材非常贵，干净舒心的环境投入非常大，自己觉得好吃的东西需要付出真心实意的厨艺和管理，说到要分享给大家，招呼亲朋好友这个问题，价格就必须不能定得太贵。

这样的店，是很难赚钱的，在当前租金如此昂贵的前提下，甚至分分钟要亏钱……

要做一家这样的餐厅必须投入所有的精力，首先主理人要放弃自己别的业务，从来没有说我只管投资，然后餐厅就会变成我希望的样子这么容易。然后主理人自己必须非常会吃，能辨别是非黑白，明白分享与赚钱的区别。这一点非常难，大部分主理人非常有热情，非常会吃，但是只有他们放弃了让餐厅马上盈利的想法才能把这家餐厅经营下去。很遗憾，我就没能坚持下去，因为做活雷锋的成本太高了！

然而有的餐厅即使是人满为患也不一定就是老板赚钱赚到做梦笑醒。如果老板不善于核算成本，分分钟有可能就算火爆到排长队等位，累死服务员，也会亏死老板。很多没开过餐厅的老板一腔热血，把人气做得盆满钵满，最后亏得只剩内裤一条。

我的一位好朋友，真的是爱吃会吃好有爱，在一条路上经营了四家餐厅，每家餐厅开业都要花一年半载的时间邀请朋友品尝，完全依靠时间把出品和服务调到自己认为适合分享的水平。她曾经跟我讲过，如果你开一家餐厅本来预算要花100万，那你最少要准备300万在兜里；如果你本来预算是300万撑一年，那么请你准备好1000万来赔。没有这种精神，是开不好餐厅的。这种餐厅真是活雷锋餐厅，我们也管它叫上帝开的餐厅，因为这种餐厅的主理人除了要有财力还要有信仰支持，是可遇不可求的。

所以如果有一天，你看到有一家餐厅，东西很好吃，环境很好，在租金最贵的地段依旧坚持着给你最好的食材和出品，而且还不贵或者在做优惠，那么你一定不要错过，以我专业的餐饮经验告诉我，这家店的主理人一定在用自己的财力在请客吃饭！你真的得好好帮他宣传一下。

除了工资，你更应该在意社交货币

我也是工作多年后时至今日才深刻认识到，一份工作值不值得你干下去，先不看固定薪水有多少，要看它的社交货币有多少。

我大学四年级的时候在中国文化总公司实习，没有一分钱报酬，据说很多实习生都是通过很多关系才能到这里实习。我一直以为当实习过后，变成正式员工，除了能够得到北京落户的资格，还有丰厚的薪水。

有一次加班到半夜，早上六点倾盆大雨，天还没亮，我就得起床赶去上班。淋得浑身湿透，都快痛哭流涕的时候，我看到隔壁桌比我早一年到单位的师姐晃着奥迪A6的车钥匙进来，立马又擦干了眼泪，把衣角拧一拧继续干活。

那时我以为只要我熬到能留下来，怎么也得十万八万的年薪吧。那个时候普通白领都拿两三千的工资，看到领七八千的，感觉就是金领了，能领一万块，自己想一想都会笑出声音，因为都不知道应该怎么花这个钱。

经过多方打听，我才知道原来开着A6上班的姐姐工资也就不过两千五，在北京这个工资连房租都不够付，车子是她自己家里给配的，开车上班还得贴油费呢。

当年的我一看这等光景，工资这么少，实习也没多大心思了。有同学介绍说有剧本一起写，就赶紧不去朝九晚五地实习了。

而实际上我还是太嫩了，虽然师姐的工资是不够交房租，上班也是自己家贴着车和油费，但是当时师姐在那个岗位上认识了很多中国当代有名的艺术家，通过这点人脉关系的积累，后来她在艺术品拍卖界稳坐业界大姐大的位子。当年年纪轻轻的我只看到别人的货币工资，却没有认识到这个岗位的社交资源有多值钱。放弃了的那个岗位，是后来打多少年的工赚的钱都买不到的，也不是靠脸熟就能轻易得来的社交货币啊！

我工作十年后，有一位小师妹找到我，说回来广州一年了都没有找到工作，希望我能帮忙介绍推荐一下。我很惊讶，立马让她来跟着我实习，但是跟了我一周以后，小师妹跟我说，她还是希望能迅速找到一份跟所学专业相关而且薪水相当的工作，所以只能抱歉地自己再去碰碰。我也感到很遗憾，其实她只要再坚持两周，我们马上就会迎来一个大项目，参与这个大项目对她今后在业界的成长来说，是一个如学历般重要的台阶。

我曾经帮一个互联网公司面试新员工，发现很多海归和大学毕业生对自己的要求都很低，期望的薪水也不高，但是我们确实很难给他一份offer，因为我们需要有工作经验的人。很多公司对正式入职的员工都有很多硬性的条件和要求，很多有想法有能力的孩子都是被这些硬性的条件和要求挡在了门外。

很多时候那些被挡在门外的孩子，如果你能在一个地方坚持实习三个月，哪怕是一个月，你能得到的经验和人脉都会让你在找下一份工作的时候上一个档次。可惜，很多孩子的急迫和自负让他们根本坚持不下来。

大部分人会认为：我已经毕业了，不再是大四学生了，所以我需要一份正式的工作，不能再无所求地实习下去，能够实际拿到手上的工资才是最重要的保障。

还有很多初出茅庐的毕业生认为实习并没有实际的内容可学，不过是订订盒饭，打印文件，编辑一下简单的文案文档。但实际上，恰恰是这些看似不起眼的经验最有用。有时，决定你是否能进入一家公司的可能并不是某个技能，更多的时候，只是让办公室里所有的人知道你的存在，而存在就一定会产生意义。

我也是工作多年后时至今日才深刻认识到，一份工作值不值得你干下去，为什么会有那么多人蜂拥而至，先不看固定薪水有多少，要看社交货币有多少。何谓社交货币？社交货币简单地说就是利用人们乐于与他人分享的特质塑造自己的产品或思想，从而达到口碑传播的目的。

那个年代在中国文化总公司上班是什么概念？光听名字就知道高大上。每天接触的都是各类文化生活艺术大家。当然，当年还有一个更重要的价值，就是会给你一个北京户口。北京户口啥意思？买车买房可以得到便利，不用被人说是北漂啊，从此就是皇城根底下的子民啊。

这份工作给你的薪水不高，但是给你的社会地位极高。

这份工作让你受尽上级的压力，但是它给你的人脉资源可以令你受人欢迎。

这份工作让你完全没有自我分配的时间，但是它让你体面、忙碌地生存着。

比起过去，到了今时今日，我们使用社交货币的情况更多了！

自我分享的特质贯穿于我们的生活中。我们会与朋友分享新购买的衣服，我们会告诉家人，报纸上的那条新闻是由我们提供给报社的。这些共享我们的思想、观点和经验的意愿成了社交媒体和社交网络能够流行的基础。

人们的朋友圈和微博会记录他们喜欢的东西，告诉别人他们喜欢吃什么样的午餐，甚至记录着对老板和公司的小抱怨。如今沉溺于社交网络的人们，好像已经依赖上了这种共享行为，包括共享他们的所想、所爱和所需。

这种共享就促成了社交货币的流通。社交货币的流通，其实在慢慢改变我们的生活，你会发现很多用钱能解决的事情，用社交货币也能解决。

一个20岁的年轻人当然不可能看得那么长远，我当年要是有计算社交货币的能力，今日早已叱咤风云。后来我慢慢发现了更多的社交货币的存在，发现社交货币的存在也会让生活和工作更舒心。

比如卖花的姑娘虽然收入低，但是她每天都会被鲜花拥抱。她要是懂得使用鲜花物语去交换社交货币，可能会得到比卖鲜花更多的报酬。

又比如一个专门给食物拍照分享美味图片的美食达人，因为他拍出来的图片不仅能体现食物的精髓，还能勾引起看图人的食欲，所以传播率极高。食物制作人也会很开心，于是每次有了新的食物就一定会给这位会拍照的达人来一份。这就是分享过程中所产生的社交货币的带来成果。

什么样的工作算是一份好工作？你会发现这个世界上所有薪水高的工作都必须付出对等的体力或者脑力劳动。表里不一的工作，就是别人看你赚得盆满钵满，你却身心疲惫，用赚来的钱买健康或做下一波赚钱的推动力。

我希望我们身边的每个朋友，都能找到真正让他们不离不弃的工作，表里如一的工作，守得住初心，能得到社交货币，跑得到尽头。

到底是要跳槽还是要一个岗位干到老？走还是不走？干下去还是自己干？缴枪还是去找子弹？作为一只飞驰的粉红豹，我每天都像哈姆雷特一样去思考每一个问题：To be or not to be?

打工的生涯，估计每个做文职的都不止一百次想把稿子扔到老板脸上，告诉他“你这么牛逼，你自己来好了”，甚至有时想干脆告诉老板：老子不干了！这时，想想你得到的报酬，你是不是真正的把美好的东西分享给了别人，你得到的社交货币是不是让你快乐满足？如果是，就不要嫌弃那些细枝末节的惆怅和障碍。

钱财身外物，社交伴一生！

和谁有仇，就叫他去开餐厅

没有任何一门生意是容易的，所有看别人数钱数到发疯的行业，都可能有着你吃不了的苦。

做了十年美食节目之后，我平日的电话信息里最多的要求就是：徐导，哪里有好吃的？给我们订个位吧，帮我们打个折吧。

做媒体的人，因为认识的人多，关系网络复杂，十个有九个都会想开家饭馆聚集一下人气，尤其到了这三五年，小而美的餐厅兴起，满脑子点子和文案的媒体人更加个个都想开间有自己特色的餐厅。

在看过了那么多排队餐厅之后，我深信，只要有不错的产品加上无敌的宣传和个性主题的包装，一定能开出一家“猪笼入水”的餐厅。况且作为一名人气和人缘均为No.1的美食媒体大咖，我还认识全珠三角超过50%的餐厅老板和总厨。这样想想，开间餐厅我还不是要赚疯了？那段时间，每三个月买一台法拉利的幻想一直围绕着我。

在利益的驱使下，我开始呼朋引伴，到处演说我的餐饮帝国计划。功夫不负有心人，三个月的时间，靠自己的所有积蓄和亲朋好友众筹回来了两百万。第一次手里拿着这么多钱轰轰烈烈出来花，租个地方我都不舍得，如果去到人气旺的地方，光租金加押金就会花掉我三分之一的钱。于是我找到了一个自以为聪明的傍大款的方式，就是挨着大名鼎鼎的万达，但是又便宜的地方。

这个地方在万达的外围一圈，现在回想真是无知无畏，一排没开的商铺，我独挑了其中一个，然后就进场了。做生意和做人有一个共通的道理，就是不能贪小便宜。尤其是店铺选址，真是一门大学问，“酒香不怕巷子深”这个事情其实是很难做到的。再香的酒在深巷中，都会分分钟臭掉馊掉而无人问津。

在还没有形成商业氛围的冷铺开张，这注定是一家餐厅的死穴。有些有钱人的做法是，在一条还没形成商业氛围的新场地直接开满一条街的店，五六个餐饮的品牌全是一个老板开的，但这种财大气粗的做法不建议资金薄弱的人轻易尝试。开店和买房子有共同的成功三要素，那就是：地段，地段，地段。

选错了地点是失败的第一步，但是没关系，我租金便宜，可以熬很久；想法前卫，可以吸引眼球。我先是做了个粉红奢华的主题，整个餐厅被奢华吊灯围绕，每张桌子的吊灯都几乎低到头顶，整个餐厅有一种神秘又轻奢的感觉。

但是这种氛围的餐厅在广州开得太早了，也不行。创新这种事情放在市场上太早不一定能成功，太晚泛滥的时候也很难成功。创新能成功的最佳时间点就是市场刚刚有新鲜感，开始有接受度的时候。

可惜我的创新太超前，地方也选得太偏。这家餐厅如果开在北京和上海，那是要挤破头的，在广州却无人问津。顶着餐厅被批“色调昏暗”的压力，我又学习了海底捞的用人术，给餐厅的高管配置了单身公寓宿舍，给员工租住了电梯要刷卡的公寓房，请了十个刚刚从职校毕业的服务员。

请人其实真是一件让人心碎的事。没有经验的，会让你很累，可能刚刚培训完，他就辞职了。有经验的，他会跟你谈很多条件。对于一个没有做过餐饮的老板来讲，对餐厅有利的事情，有经验的员工不一定教你，但是对员工有利的事情，他们一定会要求你要做到。这也是为什么很多好吃的餐厅要么就是经营了十几年的大酒楼，用严格的经验管理，要么就是十人以内的家庭餐厅，从厨师到楼面服务再到柜台收钱都是自家人。餐饮人员的管理难度之高，绝对是智商与情商双高的老板才能做到的。

终于配置齐整把餐厅开起来了，我用的水是七千块的安利饮水机过滤的饮用水，用的纸是不带荧光剂的。曾经有一个客人到餐厅，上完洗手间出来说：“哇噻！这个老板挺败家的，厕所里用的手纸都是我老板家里用的餐巾纸！你知道我老板多有钱吗？”

确实，有时候用了这么好的东西，很多客人并不欣赏，甚至有的人跟我们说，你们怎么拿黄黄的草纸来给我们用！那一刻，我真是心都碎了。

一家一百多平方的餐厅，我请了个总厨，每天戴着高帽翘着手站在餐厅门口。因为餐厅厨房很小，总厨在楼面和客人多沟通我觉得也挺好。可是客人稍微多点的时候，厨师就会要求加工资或者加人手。厨房和楼面不知道为什么总是水火不容的状态，总是闹矛盾，经常搞一些有他就没有我的争执。作为餐厅老板，必须时刻准备着换厨师或者楼面团队，因为他们随时都有可能炒老板鱿鱼。餐饮业的员工流动率是所有行业里最大的。

终于有一次，厨房和楼面成了一个相亲相爱的团队，但是每个星期的菜钱、货钱，各种成本突然飞涨，我怎么看账单都没看出有什么问题。

有一次我一个大学同学来广州看我，说：“哇噻，老同学，你赶紧给我把这个店关了，好好一个漂亮文艺姑娘，突然弄得一身的掌柜气质。做饭店是磨人的行当，这种活儿得事无巨细斤斤计较，你干不来！”

还有一个笑话，曾经有一个做金融的同学，从小到大出了名的大方。后来他开了一家餐厅，为了把餐厅打理好，亲自操盘了半年。半年后，大家都觉得这位当年每天说自己股票账户里面分分钟几十万上下的老同学变得抠门无比，事无巨细问得清清楚楚，算得仔仔细细。大家都说这都是开餐厅给改变的。

我开过酒楼的干妈说：“开酒楼，你得天天防老鼠，每天都请人，可是请回来不是豹子就是豺狼。”还有危言耸听的油辣子说，餐厅就是得亲力亲为，因为餐饮业的员工流动性大，每个员工都是抱着整死老板的想法来的，反正又跟他没关系了，整死一个是一个。

在经营了1年零6个月之后，我的餐厅在出品过东南西北中各种菜式后，光荣退场了。整个过程让我用实实在在的真金白银实战学习了餐饮和市侩生意。

餐饮依旧是永不落幕的产业，路上的餐厅要么频繁更换，要么流水飞涨，可是做餐厅的这种经历，简直就是让你从菜市场开始做一个市侩人。

有过这一段经历后，我可能还会开餐厅，但可能还是开在电影里比较靠谱。没有任何一门生意是容易的，所有看别人数钱数到发疯的行业，都可能有着你吃不了的苦。

如果你们家没有地可征，那就努力进入自己想要的圈子吧，至少，看看风景也是不错的。

越来越多的女强人，跟能力无关，跟圈子有关

想要成为什么样的人就到那些人待的圈子里去，几点起床看这个城市长成什么样并不重要，重要的是你将要和什么人在一起。

上周我在一个女朋友的会所做指甲。女人做指甲、做脸、做睫毛的时候还做什么呢？就八卦呗，聊聊上一个客人的家务事，聊聊闺密的生活，聊聊道听途说的各种恩怨情仇。

然后我就听见一个让我百感交集的消息。据说我一位闺密的创业公司被上市公司收购了。我和这位闺密可以说是同时创业，她做手游，我做餐厅。后来我的餐厅把我工作十年的积蓄赔光关门了，她的手游公司则烧了一轮又一轮风投的钱。

我做餐厅是因为我做了十几年的美食节目，混在餐饮圈里面，看见别人的餐厅都在大排长龙，看见别人赚钱，心里痒痒的。

她做手游是因为她一直在互联网公司工作，每天见证的都是各种屌丝逆袭。不怕不赚钱，就怕你不投钱。我和闺密是一样聪明的人，这点我可以说毫不谦虚，两个人不说反应是一样灵敏，对事情的看法都有各自的见解，不会针锋相对，但也惺惺相惜。

两个本来年龄、相貌、条件、背景都相当的女孩，混了不一样的圈子，最后，我还在电视手艺人的路上打拼，她已经是上市公司董事。

今天的世界，你是什么人，不重要，你混什么圈子，才能决定你是什么样的人。我经常在咖啡厅结账的时候想，这个漂亮的服务员可以有多少薪水呢？她这个服务态度和伶俐劲儿，完全可以不用做服务员啊！

在上外教的英语课时想，这个外教上一节课的薪水是多少钱呢？他这个社交能力，明明不用靠教这么简易的英文来赚钱啊。

和各种投资机构的投资人聊天的时候想，这些投资人的年薪是多少呢？他看起来懂得并没有我多，也没有我那么多资源，为什么我是那个跟他要钱的人呢？

每次看见长得和我差不多好看的人，我都想，她为什么和我的想法不一样呢？她们为什么都在做一些看起来很累，薪水又不高，而且她们都不喜欢的工作呢？

见到和我一样背景的人，同个学校毕业的师哥姐和师弟妹，我也想，他们为什么不是章子怡和姜文呢？他们长得比章子怡好看多了去了，比姜文有才，也能说会道多了。

很多时候让我们变得不一样、有不一样的未来，不是因为我的智商或者能力，更不是有多努力，就像一到高考的时候就很流行的段子说的：同学们，当你们考上大学毕业后就会知道，今天考多少分并不重要，读什么专业也不重要，每天几点起床几点睡觉都不重要，重要的是你们村的地有没有被征收。这不仅仅是一个段子，这里面藏着浅显的现实。

想要成为什么样的人就到那些人待的圈子里去，几点起床看这个城市长成什么样并不重要，重要的是你将要和什么人在一起，谈论哪一方面的内容，做什么领域的拓展。就好像你天天想着中三千万，却从来不花两块钱买一注彩票，幻想是永远不会变成现实的。

记得郑秀文和任贤齐有一部电影叫《嫁个有钱人》，郑秀文演的女主为嫁有钱人，用全村人凑的钱坐头等舱，最后却遇上了同样假扮有钱人的男主。虽然是讽刺，但理是这么个理：你要进入那个圈子，首先要看起来像那个圈子的人。

成功都是一样的，失败各有不同

很多人不明白我为什么这么多年一直单身。我根本没有时间找男朋友好吗！就算有时间找，也没有时间谈。

我十几岁的时候就专业学导演和编剧，二十多岁刚到电视台做导演的时候，深怕别人不信任自己，把头发烫成大波浪，穿得老气横秋的。写剧本的时候，深怕写出来的对白让人作呕，就蹲到胡同口，去菜市场，在酒吧、各种饭局上到处和别人闲聊八卦。到了三十岁以后，终于可以说采访过无数成功人士，得到了所谓的成功的经验。

不过，成功是什么，每个人的答案都不一样，但是对于我们口里说的成功人士，他们的答案却是一样的。就是——坚持！（看到这里，千万别扔书！）

成功的经验有什么好说的，成功的人都是一样的，经历了刀山火海，坚韧不拔，睡过沙发，在车里痛哭过，最后凭借一颗初心，坚持到底走上人生巅峰，成为高富帅，迎娶白富美。

今天不讲成功经验，讲讲作为一个连续创业者的我，好歹也是有失败经历可讲的人，一个个连续创业失败的经验。

失败是什么？可能就是没有把一件事持续做下去就叫失败吧。虽然我一直不承认我连续创业失败了，但事实上就是如此。我先把没有坚持下去做但是又觉得值得一做的事情讲一讲吧。

这个年头，没创过业，你都不好意思承认自己是个跟得上时代、有理想和抱负、血气方刚的年轻人。哪个有钱人不是连续创业失败后在坚持中崛起的？我想要掏心掏肺的把我之前这些坑人和被人坑、忽悠与被忽悠的经历罗列出来，做个了断。

我从小就是个很会卖东西的人，上幼儿园和小学的时候，我就会组织我们大院里面的小孩子把自己家中好玩的小玩意、不要的砂锅、碗盖、宝贝石头、吃完奇多后的公仔圈之类的东西拿出来摆地摊，你买我的，我买你的，或者置换。

回忆起这些往事，我都觉得自己是个商业奇才。或许是因为我家里的宝贝最多（零食吃了最多，公仔纸最多，玻璃弹珠最多）。我爷爷是书法收藏家，又开过商行，他收集的各种鹅卵石、笔、墨、砚、镇纸全被我倒卖了，不久我就在大院15岁以下的小孩里面富甲一方了。（但是卖掉的价钱基本都是我爷爷买来的价钱的十分之一或者百分之一。）

小学的时候，明星和各种动漫的海报特别流行。一块钱一大张，别人都是买一大张的，我买的都是一大张里面有一格一格不一样的照片的，然后回家我就剪成一小张一小张的照片大小，一块钱一张再卖给别的同学，特别多人想要的，就卖两块、三块。不久，我就成了海报、闪卡收藏界的大亨，我手里攒着的几大展示本，价值几千元。那时学校里是人人红了眼要看我书包里那些珍藏版的闪卡。最后，这个生意被迫停止因为一次上体育课的时候，整个书包被人偷了，伤心欲绝的我终止了这个业务。

鸡毛蒜皮的事不说了，说说后来成为婚庆行业的第一指导员的事。婚庆行业我进入得早，2002年一到北京上大学，我们就是靠做这个赚外快的。那个时候摄像机还不是这么普及，正好我们学电影电视的学生每个人手上都有一台DV机，就干脆拿去赚外快了。能把婚礼片做得像模像样的，也就只有我们这种学院派出身的，当练手还做得花样百出，秒杀当时一切市井出身的婚庆人员。

后来大学老师明令禁止我们去拍婚礼，主要怕我们练坏了手。其实回头看，今天只要有想法，敢去做，现在的婚礼哪个不是拍出花来的？一个个拍得堪比MV，羡煞旁人。

不让拍婚礼之后，我们就改行去做了婚礼主持，虽然没有结过婚，但是胜在看过很多次别人结婚。婚礼主持跟我们现在干的节目和晚会主持都不一样，婚礼主持几乎每一场婚礼都讲一样的内容。

主持婚礼的次数多了之后，只要一站到婚礼的舞台上，就能脱口而出："婚姻是什么？有人说，婚姻是男人停泊的海港；有人说，婚姻是女人幸福的天堂。其实婚姻很简单，婚姻就是两个人在一起的时候，当你快乐，他会与你一起静静分享；当你忧伤，他会借给你停靠的臂膀，他会与你一起在人生的长河中乘风破浪，扬帆远航。××先生××小姐新婚盛典现在开场……"

"百年修得同船渡，千年修来共枕眠。人生是花，爱就是花的蜜，当爱情瓜熟蒂落，男女双方通过合法途径结为夫妻的时候，每个人生命中最动人的一幕就要开始了。从此，一个崭新的家庭也就诞生了。茫茫人海，芸芸众生之中又少了两个单干户，多了一个互助组。在此，我们恭喜两位两颗丹心呈俊秀，百岁结发度春秋！我们衷心祝愿两位新人丝罗共结百年偕老，琴瑟相伴地久天长。让我们以热烈的掌声对他们两位的幸福结合表示祝贺！"

我们就靠着一张口吐莲花的嘴，还有和二人转师傅学的段子横扫北京的婚宴主持台。到了2006年大学毕业时，我们都以干婚庆为耻辱了，零花钱赚够了，大家该跟剧组的就跟剧组，拍电影的，拍电视剧的，写剧本的，没有人再干那种市井的糙活儿。

谁知道到了广州，2006年的婚庆行业刚刚在这边兴起。那会儿台里面的主持人个个蠢蠢欲动，见有人出个三五千的价钱邀请主持婚礼，又有人出三五八万的价钱要做牛逼的婚礼布置和环节，纷纷来找我这个活跃分子合作，说，我们开个婚庆公司吧！

不知道是因为平日里我看起来人傻，办事反应却快，还是好说话，不会拒绝人，最终磨不过一个当年的当红主持人的劝说，还是风风火火的就把婚庆干起来了。同时还和另一个拍档也迅速地把一个儿童才艺培训机构开了起来。就这样，不到25岁，轰轰烈烈的就有了两家公司。

从徐编剧到徐导演，又变成了徐总。两个拍档，一位是实干型广告人，我把课程设置和师资准备好，他把招生简章和场地一定，哗啦啦就收了几十个富家孩子做学生。来的孩子都是看着我们的师资和背景来的（我能说是因为我长得好，一看就是名校毕业的，大家都特想孩子对着长得好看的老师吗），学费虽不便宜，师资却很有实力。我们给孩子上的都不是一般的课，堪称名媛绅士培训班。一上来就是教孩子礼仪、演讲、表演、骑马、高尔夫、分辨红酒。可想而知这是多高大上的一个培训机构。最累人的是每个老师都要我们亲自开车接送。老总不好当，我彻底沦为司机。

做婚庆的拍档是机灵嘴滑的主持人，爱美主意多，我是见多识广型的，两人一合作，当年就接下了不少富人婚礼。最奢华的一次，我们在湖中央做了一场不亚于小型跨年晚会的婚宴，所有宾客都穿得像要去参加时尚周的样子。还记得那天，因为我们铺的绿色草地地毯翘起来一块，在仪式开始前，我整个人跪在地上贴地胶。突然间，一双锃亮的皮鞋出现在我跟前。我一抬头，看到是一个心仪我多年的帅哥，他正好是那天的宾客，他说，徐导！你跪在这里干吗！？我说我在贴地胶，这一块不平。帅哥当时的表情我现在想起来简直是匪夷所思。

那年我买了辆车，是女孩子们都喜欢的mini，每天车里拉满了各种货（婚礼的花球，培训的资料）。如果没有货，那就是一车的设备，拍片用的。

在我看起来如此分身乏术的时候，我一刻也没有耽误我的本职工作，竟然完全没有旷过工。培训和婚礼都是在本职之余完成的。很多人不明白我为啥这么多年一直单身，原因很简单，我根本没有时间找男朋友好吗！就算有时间找，也没有时间谈。

但是同时干多件事，创业是一定会失败的。

因为来不及规划下一期的课程，第二期的招生计划就不敢进行下去。因为没有时间和拍档讨论婚庆事业的发展，他就带着人马跑到风马牛不相及的地方去。很不幸，两个公司的红火搞得我疲惫不堪，赚了小钱，亏了进步，我根本没有心思做好两个业务发展的规划。

于是，在两个公司都红火发展的时候，我退出了。两个拍档，一个是估计不敢再跟我合作了，因为我不专注；另一个是我不敢再跟他合作了，因为他跑偏我拽不住。

虽然一个培训机构、一个婚庆公司，后来我都停止不做，但是我仍然觉得这两个行业都是大趋势，可以做。只是门槛比价低，可以做的事业一定有很多人去做，后来我们的很多同行都有开拓这两个低门槛行业的。花费百万铺满一公里鲜花的婚礼，花个几十万拍个婚礼MV的也都很常见。交个十万八千，就为了上个名媛课程，知道一些礼仪社交的方式的女人和孩子还是很多的。

只要你有兴趣，这两个行业都是赚虚荣和创意的钱，还是有很大的利润空间的。

没人嘲笑你的梦想，被嘲笑的是你的实力

让实力和梦想匹配这个过程是一个被世人嘲讽的过程。

我注意过，即使是那些声称“一切都是命中注定的，而且我们无力改变”的人，在过马路前都会左右看。

——史蒂芬·霍金

没有人会嘲笑你的梦想，被嘲笑的是你的实力。越来越多的女性拥有高智商、高学历、高颜值、高能力和背景，凭什么不能活得比一般人好?

越来越多的国家有女总理、女首相、女总统，女性力量就是在崛起，凭什么说人家都是靠男人?总的来说，不分男女，成长都得靠人脉，说人家靠性别优势是不全面的。

因为工作和学习背景的关系，我跟很多明星的关系都还不错。十年八年前没有微信的时候，说出来大家可能会半信半疑，因为毕竟没有亲眼看见你和明星一起工作和学习。这几年有了微信，明星也是人，他们也会有社交生活，于是我们通过社交网络

来往就更多了。很多人会说，你能不能给我介绍某明星，或者你就引荐一下，或者你给我看一下他的电话和微信，我不会打的，我就看看，把我拉到群里面，我也不会说话的，我就看看。然后我发现，当我把明星和普通人拉在同一个群里面的时候，还是有很多人抱着半信半疑的心态，怀疑这个明星的真实性，到底是本人还是经纪人，又或者是骗子。就算在微信里开口说话了，还是有一部分人不愿意相信他们是真的。

“我是不是遇到了一个假明星？”

然后他们的好奇心让他们想出各种方法去辨别真假。他们直接或间接地给质疑的明星本人或其他人出一些测试题。这种不信任其实来自于对自己实力的怀疑，不相信自己竟然能认识他们，不相信自己竟然能和他们在同一个圈子里生活。

是，你听过的事情但是没有发生在你身上，于是你见到的就被怀疑是假的了。这原来是一种自黑式的调侃，现在反而变成了自卑式的照镜。

顺德有句老话：“二叔公看飞机，不敢相信铁都能飞上天。”

二叔公说：“我看到的是一块假铁。”

二叔公恰恰是我们很多人的写照。

晚上吃饭有个姐姐只看不吃不喝，原来她在辟谷，已经十多天没吃东西了。在座的人无不称奇，人家姐姐说了，能量是传播的，传播给她能量的大师傅，已经十年没有吃过东西了，仅靠喝水。

在座的人都惊了："我看到的是一个假的仙女。"

其实"辟谷"源自道家养生中的"不食五谷"，是古人常用的一种养生方式。它源于先秦，流行于唐朝，又称却谷、去谷、绝谷、绝粒、却粒、休粮等。辟谷最早的记载源自《庄子·逍遥游》："藐姑射之山，有神人居焉。肌肤若冰雪，淖约若处子，不食五谷，吸风饮露，乘云气，御飞龙，而游乎四海之外……"作为一种延年益寿的养生法则，辟谷在很多古书典籍里也有记载。

传统的辟谷分为服气辟谷和服药辟谷两种类型。服气辟谷主要是通过绝食、调整气息（呼吸）的方式来进行，其效用目前缺乏科学依据；服药辟谷则是在不吃主食（五谷）的同时，通过摄入其他辅食（坚果、中草药等），对身体机能进行调节。

因为信息环境的改变，不同圈层的人越靠越近，你的不自信，并不会影响别人的人生。独立的人不会因为"吃瓜群众"的诋毁而改变自己的方向。

很多人不愿意说出自己的梦想，因为怕被别人嘲讽。说出梦想并不难，让自己的实力与梦想匹配起来会更难。但是把梦想说出来，首先是敢于亮出自己实力的第一步。因为没有人会嘲笑你的梦想，别人嘲笑的只是你的实力。

让实力和梦想匹配这个过程是一个被世人嘲讽的过程。你所依靠过的一切力量都会被放大成最主要的帮助。我不太愿意写田朴珺的故事，因为并没有人比她更了解自己。

所以她所说的一切，我就相信。我相信，她的努力、她的不惧怕、她的一心向上造就了今天的她，而绝对不是她的男朋友王石。就好像所有人都在写王宝强的婚姻故事，所有人都在写豪门恩怨，但这些终究都是大家的猜想。

每个人都可以描绘出不同的场景和画面，但是终究不是当事人口述的事实。偏偏很多“吃瓜群众”都是被一群努力嚷嚷的城管带着跑的。人物口述在美国是一门很专业的学问，但是在中国现在竟然还没有任何一所大学开设这个专业。我只能说，对现在国内任何关于人物的纪录片，我都表示遗憾。

没有任何一篇借由记者理解、分拆、肢解、断章、取义后的文章可以代表一个真实的个人。我自己是做人物微纪录片的，所有的画面没有任何摆拍，所有的陈述不由我另外做画外音或配音辅助，所有的陈述都来自被访当事人自己的感悟和回忆。

没有任何人的感悟可以比当事人自己清楚。如果一个当事人要修饰自己的感悟，我相信，那也一定比旁听者修饰的要贴近真实。我也写过很多文章，上节目说过很多次我的爱好、理想、收入、现状，但是每个人眼里的世界是不一样的，有的人眼里只能看到房，有的人眼里只能看到钱，有的人只能看到八卦，有的人能看到理想和方向。我是一个专业的媒体人，媒体人的素质也是参差不齐的，做出来的报道和文章也仅是代表了那个人的眼界，所以大家看报道也需要用自己的眼睛和自己的心。

不要再人云亦云了，过自己的日子，走自己的路，毕竟，没有哪个真正有实力的人是因为别人的议论而活不下去的。

共享社会下的创业方向

除了人与人之间的距离越来越近，隐私越来越少之外，共享的内容越来越多，未来只有真正的共享者可以掌控大量的资源。

阿里巴巴和腾讯为中国网民建立起了强大的信用认证和网络人脉网。仅仅是两三年前，大家都认为，你在中国把自行车往街上一放，第二天肯定是找不回来的。结果呢，共享单车出来一茬又一茬，黄、蓝、绿、橙，不同色凑了一个遍，创始人们都说不在乎那一小部分的损失，决心要改变中国人的共享习惯。短短一年多的时间，资本家们出了一轮又一轮的巨款，总算是打开了共享经济的大门。

自互联网发展以来，除了人与人之间的距离越来越近，隐私越来越少之外，共享的内容越来越多，未来只有真正的共享者可以掌控大量的资源。所以共享内容的创业方向会是风口。

共享经济有两个最核心的本质：连接和资源的流动性。数十亿人既是生产者也是消费者，在互联网上共享资源、信息和实物，所有权被使用权代替，交换价值被共享价值代替，人类进入“共享经济”新纪元。

很多年前大家看不懂共享办公、共享人力、共享交通这些模式，现在依然有很多人看不懂共享雨伞、共享充电宝的未来，但是总有先行者和后觉者。很多人依旧在执行过去那一套来阻止自己或者别人分享资源，但很快他们就会发现这一时代的趋势已势不可当，每个人终究都会主动或被动地共享或被共享。

比如不愿意把自己的某个关系引荐给别的朋友行方便，不愿意将自己的过剩资源赠送或者告知别人。这些做法都会令一个人变得落后和守旧。很多人说看不到收益的事情，我不做，但是很多能马上看到收益的事情都只能够满足眼前的小利，而长远的收益才是一生最可靠的财富。

我经常告诫我的实习生们，不要总去衡量一份工作能得到的收入是多少，收入是眼前的，要看这份工作能给你的社交货币有多少，拿到手上的薪水会越用越少，但是社交货币不一样。社交货币就是在这个工作岗位上你得到的人脉、技术和经验，这些才是最有价值的货币，而社交货币是会越用越多的！在共享社会，越热爱分享得到的收获必定也越多。

江湖再见，我们多少都懂了些套路

踏入社会之后才发现，哪有什么影视圈潜规则，每个圈都有明晃晃的规则好吗？

上周，我带着父母去北京回母校参加了妹妹的大学毕业典礼。

十一年前的七月初，我也穿着一身同样的学士服，戴着一顶学士帽在一生都难忘的中戏校园流连忘返。我们宿舍六个女生在那天的毕业典礼之后再也没有见过面，完整的同班同学聚会可能这一生都难有一次机会了。

我大学毕业的时候，爸妈都没来，我自己也是匆匆忙忙起床后脸也没洗，妆也没化，高跟鞋没换好，穿着跑鞋就去拍照了。

多年后再看到家里爸妈把我毕业照放在钢琴上的样子，我才后悔，一生一次的学士服照里，帽子、衣领全是歪的。好在青春活力爆棚，配上身后郁郁葱葱的爬山虎和毛主席题词的国立戏剧学院招牌，人生也不算遗憾。

当年父母没退休，现在父母退休了，真是应了那句话，就算飞机停摆，火车没票，都阻止不了父母去观礼。

大学毕业典礼这一天几乎是全年级人最全的一天。管你成名立万了还是踌躇不得志，这天总是要回来拍张大合照的。

中戏每年招的人很少，一个年级可能就跟别的综合性大学一个专业那么多人，两三百人谁跟谁都互相认识。从毕业这一天起就都带着中戏给的光环在江湖上混，江湖上再见面，校友总是七分亲。

我妹妹徐娴很厉害，她还将继续在中戏读三年研究生。能留在校园是幸运的，但是留在学校继续深造从来不是躲避成长和逃避进入社会的理由。

国外一位大法官父亲在儿子学校的毕业典礼上的毒鸡汤让全世界人鼓掌，因为句句箴言，只有经历过才明白，只有遭遇不幸、背叛、不公平，才更懂得得到的意义和魅力。

到了该演讲者送上祝福的时候了，但是大法官接下来却给在座每一个人都送上了毒鸡汤。

I hope you will be treated unfairly, so that you will come to know the value of justice.

我希望你们会遭受不公的待遇，这样你们就会明白公正的价值所在。

I hope that you will suffer betrayal because that will teach you the importance of loyalty.

我希望你们会遭受背叛，这教会你忠诚的重要性。

I hope you will be lonely from time to time so that you don’t take friends for granted.

我希望你时常会感到孤独，这样你就不会把朋友当成理所当然。

I wish you bad luck, again, from time to time so that you will be conscious of the role of chance in life and understand that your success is not completely deserved and that the failure of others is not completely deserved either.

我祝你有时会碰上坏运气，这样你会意识到机会的重要性，理解你的成功不完全是实至名归，而他人的失败也并不完全是活该。

And when you lose, as you will from time to time, I hope every now and then, your opponent will gloat over your failure. It is a way for you to understand the importance of sportsmanship.

当你偶然失败的时候，我希望你的对手会对你的失败冷嘲热讽，这会让你明白风度的重要性。

I hope you'll be ignored so you know the importance of listening to others, and I hope you will have just enough pain to learn compassion.

我希望你会被忽视，这让你了解倾听他人的重要性；我希望你会遭受足够的痛苦，让你学会同理心。

无论我是否给了你们这样的“祝愿”，它们都会在将来的某一天发生在你们身上。你能否从中获益，取决于你能否看穿这些不幸的本质。

同样，我羡慕刚刚走出校园的同学们，因为没有遭遇过拒绝、失败、歧视、掠夺，所以总是有扑面而来的各种机遇可以获得，因为刚开始我们总是有用不完的时间。

但是随着我们成长，你会觉得时间不够用，机遇在变少，因为你更在意得到，眼前的得不到会让你宁愿放弃更多的机会。

我们这个学校毕业的人总被人问到影视圈内有没有潜规则，踏入社会之后才发现，哪有什么影视圈潜规则，每个圈都有明晃晃的规则好吗?

毕业季，以姐姐的经验，给学弟学妹们几个我自己的切身感受、算是实在有理的潜意识规则吧。

一、想象力就是生产力。没有做不成的事，无论身处哪个行业，只有想象力可以带你飞跃晋升。

二、想要快速成长就得把自己扔在布满陷阱的地方。不要怕去到陌生的城市从事陌生的行业，人生的意义在于学习排除万难后得到的真谛。

三、遇到失落、失望和痛苦都不要被完全击败，因为每个人都要有一点点伤感，才能更好体现出迷人的气质。

四、不要轻易相信自己和别人。如果有人跟你讲一件事随时都可以做的话，那就是他还没想好要去做这件事。

五、人生确实有很多套路，而且这些套路还特别实用。自古深情留不住，还是套路得人心。因为这是前人实践出的真谛。

名字也是颜值

一个好名字，会让用户觉得在和品牌谈恋爱：先是一见钟情，再被内涵打动。

在这个看人用人先看脸的颜值经济时代，大家都更加注重个人外在仪表，越来越多的男孩子也开始注重化妆和保养。

比如最近流行的各个美颜证件照照相馆。一套正面、两套侧面的标准照套餐以前只要几十块，现在拍张大头照都要几百块，那是因为大家再也不想忍受掏出身份证看到上面的照片后那种大写的尴尬！所以大家都愿意去美颜照相馆挑一套好看的正装，然后画上一个淡妆，在摄影师的指挥下摆出各种假装职业的姿势，而这一切都只是为了有一张好看的工作照，有了好看的工作照不仅提升了自己的专业感，也提升了公司的形象。

看人尚且先看脸，创业公司给人的第一印象当然就是名字，一个好记的名字就相当于是创业公司的脸。有一张好看的脸不仅好记，而且会让人有想去认识内在探究属性的想法。

公司名字用叠字，在传播的时候更容易朗朗上口，比如QQ、YY、步步高、娃哈哈。

简单好念人人看得懂，比如万达集团、大一集团、巨人集团。

蹭热度也是一种方式，比如凤姐注册的huang.wang（黄网）和wangsicong.wang.（王思聪网）

好名字会让人“一见钟情”。泛娱乐时代，年轻人愿意主动地去晒好玩的东西，彰显档次，产品名字要主动给他们创造素材。外卖品牌“叫个鸭子”就是这样，很多女孩会发朋友圈调侃：今天好累，叫个鸭子犒劳一下自己吧。你看，一个特讨巧的名字，能让用户主动传播。“叫个鸭子”前期几乎没花钱做推广，就是靠着名字好玩、产品好吃火起来的。这就像谈恋爱，要争取让人一见钟情。

好名字要有内涵。比如，一个家纺企业，起名叫“一朵棉花”，立刻能给你一种纯棉、柔软、温暖的感觉；广告创意公司叫“你说的都对”，宣传语是“我们再想想”，官网叫“看对眼”，CEO叫“大队长”，名片上印着三道杠，广告客户一看就知道，这个团队很有创意。再比如，拌面品牌叫“怎么拌”；上门服务叫“马上到家”；私人厨房叫“回家吃饭”，等等。名字和业务直接相关，让人印象深刻。

一个好名字，会让用户觉得在和品牌谈恋爱：先是一见钟情，再被内涵打动。

好的名字对于一个企业就跟高颜值一样，更容易吸引用户的注意力。

CHAPTER 3

第 3 章

比起孤独终老，
我更害怕将就到老

03

为结婚谈的恋爱太功利

什么叫恋爱？恋爱就是走心、走神、走肾，就是不走账。

《欢乐颂2》里面，追求自我、敢作敢为的曲筱绡说出了现代社会的价值观：奸夫淫妇也是一对啊。

如果说前几年还在上大学的你还在讨论，如果见到自己朋友的男朋友又跟别的女孩子好了，或者自己的朋友同时交了几个男朋友，你会不会去告密，进入社会几年之后的你应该学会不再去管这些闲事了吧？

因为越成长，你会越发现知道的事越多，想说话的欲望就越小。小时候都是叽叽喳喳怕别人不知道我们知道，等到你真的懂得蛮多的时候，就会学会了认真聆听，等你听到的事情慢慢多起来以后，即使想说，你也会发现不太能说得出口。因为真正有意义的话，只有对着有用和能接收到信息的人说才有意义，不然的话，说再多的话也只是浪费口水。

万一有的事情，自己只懂了一半，听的人反而是个专家，这种情况，大家的尴尬症犯起来，自己和别人都会有那么一阵子不舒服。

在邱莹莹大声嚷嚷着“不以结婚为目的的谈恋爱就是耍流氓的时候”，曲筱绡说了，为了结婚而谈恋爱，太过功利。折腾够了才结婚。爱到没有力气折腾了，那结婚就结婚吧，这才是高尚的。

想起来可不是吗，哪一次你抱着“来啊，结婚”的想法谈的恋爱，不都是因为那些结婚需要的条条框框谈崩了吗？那些莫名其妙，突然抽起筋就去领证的，才是真正的谈恋爱。谈恋爱是什么，谈恋爱就是不惜代价地让两个人的身心愉悦，不管明天几点起床，今天都要和你耗到天亮。一旦变得功利了，大家就会去计较，这样谈恋爱到底值不值得？需要去计算值不值得的事情，就不是恋爱了，是买卖，是交易。什么叫恋爱？恋爱就是走心、走神、走肾，就是不走账。

愿每一个姑娘都在如花的年纪遇到一个走心的人，谈一场纯粹的恋爱，愿你爱过、折腾过后，仍然可以说：我不后悔！

那些特别令人讨厌的男人

其实男人女人都一样，一定要有所知有所不知，知道得太多没有坏处，但是炫耀自己知道得很多就很讨人厌了。

所有喜欢过的异性都是男孩，所有不喜欢的异性统称为男人。

男孩都自在如风，男人都自大如猪。

有人说我很难追，但我从来不觉得有被自大如猪的男人追求过。对觉得自己很厉害，实际上烦如苍蝇的男人，我对待他们的方式，就好像去吃媒体饭的时候，服务员上菜时把菜汁淋在我的肩膀，滴得我两千块的白T恤全是油点，我的内心可能已经骂了他一千次，但是脸上依旧堆满笑容说："没关系，下次你小心点，给我拿点纸巾就好……"

有一种男人唯唯诺诺，看起来很好商量，好像你叫他去哪里做什么都可以，帮完你的忙他又忙着去帮另一个女孩子的忙，好像全世界的美女都是他的闺密，但是其实每个女生都只是觉得他人还不错，是个很好的观音兵。通常这种男人，没有一个女生会觉得他是在追求自己，所以无论他做什么都很难让人感动。

其实男人女人都一样，一定要有所知有所不知，知道得太多没有坏处，但是炫耀自己知道得很多就很讨人厌了。我觉得无论男人女人最可贵的特质就是谦虚，谦虚过度会像上一种男人唯唯诺诺没有男子气概，但是一点都不谦虚也很烦人。有的男人很有主张，一上来就大谈自己对各种问题的看法，在没有完全了解在场所有人的立场的时候就开始表现自己，其实是一件很冒犯别人很没礼貌的事情。

太拿自己当一回事的，端着、拿着、摆着腔调的男人也很难相处。有的男人以为自己身居要位或者觉得自己长得与众不同、骨骼精奇就会在说话、评论的时候不自觉地带着腔调。这种男人吓唬刚从县城考上大学的小姑娘容易，稍微有点阅历和学识的女孩子都对这种男人躲避不及。

那些对女孩子呼呼喝喝，一上饭桌就巴不得是个女的就应该陪酒的男人就提都不想提了，完全不想认识也不愿意记得见过这种人。还有一种是大家都不愿意见到的，自我形象管理失足的男人，走过来就一身的烟味，一张嘴，巴不得呛倒一桌人，穿什么衣裤鞋都先不讨论。所以为什么形容一个男人帅会用精神这个词，因为你会发现不精神的男人得多不受人待见。

星座里面有两个星座的男人被人黑得很惨的，一个是处女座，一个是射手座。被黑的原因集中在两点：处女座事儿多，对别人诸多挑剔；射手座处处留情，玩得来就留一腿。

有一次和一个小妹妹看电影，看完之后小妹妹把剧照发到朋友圈里，结果被一个男人各种刻薄点评，说这部电影的品位低，行货，脑残。看完评论，我们对这个男人也不敢恭维，马上倒了胃口。所以看点评也可以看出一个人的品位和相处起来的舒适度。

而射手座喜欢在工作中，把身边所有女同事、女下属暧昧一个遍，没有一个确定的对象，导致所有暧昧对象都互相认识又不好意思互相交流，而他往往享受这种似是而非、流连花丛中的乐趣。

总的来说，这个世界讨人厌的男人比较多，可爱的男生很少。

可爱的男生形容起来很简单，就一句话：精神，慷慨，谦虚。

那些年曾经爱过的男孩

可惜我生性爱热闹，忍受不了两个人长期独处，所以更多的时候，我总是呼朋引伴，招来各种各样的朋友和我喜欢的男孩子待在一起。

我喜欢过很多男孩子，准确的说十个八个吧。我想很多女孩也跟我一样，有时候会突然因为一瞬间的感觉爱上一个人，不然怎么好意思管自己叫花痴文艺青年?

大部分我喜欢的男孩子唱歌很好听，有的还会跳舞，无意中就是喜欢乐感好的男孩。因为从小就喜欢跳舞的男孩子，所以我喜欢的男孩都是瘦的，穿裤子很好看的那种。我看男生只看穿裤子好不好看，穿什么衣服无所谓，因为穿裤子好看的男生穿什么衣服都好看。

好像半夜去爬过很多次山，但是回忆都不那么美好。一次是中学时，半夜没穿够衣服，冻得半死，谁都不愿意施舍一件衣服给别的同学。没等到日出，我就赶紧回家了。还有一次和一个男生开着豪车去山顶，结果车的底盘太低，直接刮到冒火星，那个男生紧张得直接把车开去4S店了。还有一次是走到我累得半死，还没到风景好的地方，我已经被蚊子和无聊打败。还有一次是一大早陪我姑妈去爬白云山，热到直接哭晕在路上……

我以为我再也不会去爬山了，结果还是有一个男孩半夜把我带到了山顶看风景，他好像第一次去又好像很熟悉。最喜欢这种有套路感的男孩，让你不知道要去做什么，又不会很没有安全感。把车停好之后，他给了我一件他的衣服，还让我自己去挑。他穿上带帽子的外套，把手机调好音量放到口袋里，然后拖着我的手往石阶上走去。

然后他跟我说曾经一个人徒步走过的山路，我问他在想什么，他说，可能只想着走路吧，怎么半夜走山路不掉到山下去。管他当时是一个人走的山路还是跟别的女孩走的山路，总之我觉得他的回答很酷。

走到山顶，风很大，吹得一棵长着红色毛毛球花的树乱摇，他伸手摘了一朵红花递给我，什么都没说。我很高兴地拿着那朵小花，上厕所都不舍得扔。看着山下城市繁华的灯光，他跟我说他上大学的城市隔壁那座山的晚霞是紫色的，有一个外国的老人家开车拉着他的太太在山顶摆了张三角桌子吃烛光晚餐。然后说他成长的城市的山看下去的灯光像电脑主板，规划得整整齐齐的。很简单的陈述，但我觉得挺浪漫的。

上大学的时候，男朋友在车里放《十年》，开着开着车，他自己就流眼泪了。我说，哎，你怎么哭了？他说，没有，累了，眼睛就这样，受不了。后来每次这样我就不问了，我觉得这个说法可以接受，很多年以来我还会记得这个画面。后来有一个男生对我很好，总是咬着自己的下唇，不高兴的时候不说话，好像很多心里话和不满只能忍着不能对我发泄，我觉得他很委屈，心里默默为他抱不平，可惜对象是我，我也不会说什么。

也爱过一个爱加班的男生，他的一周七天，每天二十四个小时有一半以上都在办公室。我和他坐在办公室各干各的活儿，可以很久都不说话，但是我知道他在做什么他也知道我在做什么，就算听听他讲电话我都觉得很幸福。

可惜我生性爱热闹，忍受不了两个人长期独处，所以更多的时候，我总是呼朋引伴，招来各种各样的朋友和我喜欢的男孩子待在一起。如果他乐意，我们就这样长久地相处下来了，如果他不乐意，我们慢慢地就走远了。

那些我爱过的男孩子，想起来像冬天户外的雪人，帅过，孤单过，坚强过，霸道过，忧伤过……最后都化成了冰和水，悄悄溜走。

自由恋爱和包办婚姻的区别

自由恋爱因为太自由了，反而不能长久。包办婚姻因为有一个需要尊重的信仰存在，往往更能坚持。

自由恋爱因为太自由了，反而不能长久。

包办婚姻因为有一个需要尊重的信仰存在，往往更能坚持。

上周和可爱的贾老师聊天，说起她的美好婚姻，她是这么解释的。

谈得越久的恋爱越不容易成功，反而是相识三天一个星期的冲动更能让两个人鼓起勇气真正用家庭的形式结合。

认识很多不婚族，很多并不是一开始就不婚的，只是在最想结婚的年纪没有遇到一个合适结婚的人，然后在这个过程中见到了很多婚姻的不幸和束缚后，干脆就不结婚。还有很多一直不想找男朋友或者女朋友的人，都是因为身边可能已经有了一位不能露面的长期伴侣。

贾老师跟她老公认识14天就结婚了。在这之前谈的恋爱都由于这样那样的原因无疾而终，用贾老师的话说就是男人养自己的恋爱谈过了，自己养男人的恋爱也谈过了。在最需要得到婚姻的时候，贾老师莫名其妙就认识了她的师弟，一个其貌不扬的男孩，而且认识的时候，贾老师并没有看上他，还热心地给他介绍女朋友。

也许是贾老师的热情和真诚感染了师弟，趁着众人饭局的机会，他竟然跟贾老师表白了，把原本准备做媒人的贾老师打了个措手不及，一时之间也不知道怎么回答好。直觉告诉她，遇到不好回答的问题，再抛一个别人很难回答的问题出来就对了。

于是贾老师张嘴就说："我现在只跟愿意和我结婚的人谈恋爱！你能和我结婚吗？"

贾老师想，按照多年的经验，对方多数会回答"那我回去想想"或者"我回去跟家里人说说"。更何况是这个才认识没两天的小师弟。这下他该打退堂鼓了吧？

没想到这傻师弟竟然说："可以啊，那我们就结婚吧！"贾老师当时不知道是喝多了还是因为从来没有听过这种回答，当时头脑一发热，竟然觉得有点感动，还真的有人不管不顾就愿意跟自己结婚。这不就是一种认定吗？

既然同意了，贾老师说：“那好吧，你去给我买个订婚戒指吧！”于是把师弟带到卡地亚。师弟第一次进卡地亚，发现原来买个订婚戒指这么贵，要好几万。虽然有点惊讶，但他还是买了。贾老师说，当时看着觉得这个男孩还不错，虽然其貌不扬，但是诚实可爱憨厚，而且这么认定自己。每个女人的要求都不一样，贾老师说自己这一款没别的，就是要宠自己，迁就自己。这个男孩起码那个时候看起来是可以做到的。

两个人就这样闪婚了，然后贾老师迅速就怀孕了，一年之内就把人生中看起来很重要的结婚生子的事情都办妥了。相安无事地过了七年之痒一直到第八个年头。贾老师回忆起来觉得这种闪婚有点像盲婚哑嫁。因为当时嫁给对方的时候，完全没有问过对方的背景和家庭，也没有太多的交涉。只认定一点，就是这个人这么坚定地要娶自己，而自己所要的就是婚姻，不是别的。

甚至去男方家见到他们家人的时候，贾老师才发现原来他们家在农村是这么穷，如果当初了解过，可能会有更多的犹豫。两家人对这桩突如其来的婚事也是只能接受，因为没有商量过程，所以很多事情反而也就变得好办了。

这一点也可能是现在的婚姻还没有盲婚哑嫁年代婚姻牢固的原因。因为现在衡量得失的维度太多了，过去盲婚哑嫁是有一个信仰的，就是约定不可以改变，所以即使难受也都能忍耐下来。

越是自由恋爱，因为双方的束缚越少，就越容易放弃。一言不合就分手，很多婚姻在谈判过程中就谈崩了，无数情侣相亲相爱了很多年，最后就败在两家人的结合上。过去自由恋爱被阻止都没有动摇过，到最后才发现大家要坚持的原则是那么的不同，完全不能互相包容一辈子。所以这也是很多不婚族不结婚的原因。自由恋爱的忍让度要比婚姻大多了，责任感也弱多了，所以，很多人宁愿一直享受这种宽松的忍让度和责任感，都不愿意用一本红本把两个人捆绑在一起。

所以，再也不要觉得单身就是“被剩下的”，比起孤独终老，现代人可能更害怕被一个不合适的人和一段不幸福的婚姻绑到老。今天的女性，连买衣买鞋买包都不愿意将就了，凭什么要在终身大事上将就呢?

找半圆

两个人之间的组合就像是玩拼图，你可以拼一块小的，你们俩也是在一起，你也可以拼一块大的，还是一对没有错。

几乎每个女孩子陷入一段热恋时都会有沉浸在梦中的感觉，会完全从自己的角度和自己的想象去完善脑海中理想对象的人设。把自己催眠，认为眼前的这个人就是自己的最终选择，即使看不到未来，也不会有别的选择可谈。

张君马上要结婚了，但是对象不是李雷。她要很幸福地和刚认识半年的对象闪婚了。李雷到了张君结婚前一天才意识到，自己永远错过了这个人。

有的人一旦擦肩而过，就永远不会再相遇。

张君曾经以为自己就是要嫁给李雷的，是李雷让她成长起来，哪个女孩不是因为在青春年少的时候跟着一个男人，就认为自己的终身已经托付给了他？张君曾经疯狂地爱着李雷，会因为他的缺席失落，会因为他关手机生气，会因为一天见不到他疯狂打电话，会跟他所有的朋友问他的去向，但是李雷并没有珍惜。每个人都会有自己当下的选择，可能是这一刻觉得工作比一个喜欢自己的人重要，又或者是觉得自己还可以有更多更好的选择。

人的缘分很难说得清楚，大家都在同一时间愿意为对方付出和牺牲，那就是缘分正好的爱情。如果有一方突然醒来了，觉得自己不应该这样牺牲和付出，那可能缘分就到头了。

张君无数次和李雷分手失败，大家都知道经常说要分手的，迟早都是要分的。那是因为一方无数次妥协，问题却始终没有解决。每对闹分手的情侣背后都有一个不能和解的源头，这个源头若得不到解决，这段感情就会像是得不到上帝的祝福一样，终究会破裂。

有些情侣明知道双方矛盾的源头不能解决，起初他们都以为对方会为了自己包容这一切，在相爱过程中，却发现对方毫无妥协的意思，这个时候是不是真爱这个问题就会出现，情欲只能是一时的缓和，两个人能不能长久相处，还是要看有没有不能解决的矛盾存在。

最好两个人相识于微时，大家都没发现有不能调和的矛盾，就沉浸在爱的氛围中，能迅速组成家庭，后来的矛盾都是可以在以共同利益为前提之下解决的。

两个人谈恋爱的时间长了，了解越深，反而越不可能走到一起。刚相识时大家互相都还有些真诚和矜持，容忍度都很高，越亲密越不矜持之后，大家就越过了人与人之间的界限。再亲密的两个半圆的结合，都是有界限的，只是这个界限的宽度变窄了而已。

世界上能找到一拍即合的两个人都是因为距离够远，朦胧中大家的形状吻合就结合了，真要距离近了，擦亮双眼，可能就会发现两个半圆其实差得还挺远的。

像李雷这样条件的小半圆找到张君这样的大半圆其实已经挺好了，可惜张君又找到了更大的半圆，她选择了成为一个更大的圆。两个人之间的组合就像是玩拼图，你可以拼一块小的，你们俩也是在一起，你也可以拼一块大的，还是一对没有错。

可以配对拼在一起的时候没有珍惜，不代表你就找不到另一半，只是碰到下一个半圆的时候，两个人组合起来的圆的大小可能不一样了而已。

说到底，长久的并不是爱，而是合适的生活方式。

苦涩的中年荷尔蒙

有没有那种大叔配萝莉的真爱的？有，但一定不是因为中年荷尔蒙的分泌失常。大叔萝莉也有可能在长久的相处中发现彼此让自己终身受益的长处。

我是个很三八的人，饭桌上酒过三巡之后，最有意思的事情就是开挖故事。几乎每个中年人都是一本书，无论男人女人都免不了对中年荷尔蒙的讨论。谈到最近看的书，男人们会跟你说，他们最近要么在回忆年少时曾经看过李昂的《外遇连环套》，又或者在读苦涩中年的《荷尔蒙夜谈》，以此来确定自己处在一个人人差不多的普遍状态。

从性的暗孔窥视生命与社会，确实是一件很有意思的事情。《荷尔蒙夜谈》的作者鲁敏说过："就像我们经常看到的'鸡汤文'里面讲，小孩子得了癌症剃光头，班里所有的小朋友都剃光了。"《荷尔蒙夜谈》的起因，是一个雕塑家，他身上发生了性丑闻，被社会嫌弃。他的朋友们为了安慰他，说我们每个人都发生过和性有关的丑闻，只不过你的传出去了，我们的没有传出去。出于“剃光头”的心理，每个人给他讲了一个自己的丑闻。

我在上一本书里面讲过，朋友交往有一条守则就是交换秘密，哪怕是曾经不太哥们儿或不太姐们儿的朋友，只要有一次秘密的交换后，两个人之间的距离就会亲近很多，毕竟我也是曾经知道过你心事的人。

男人一到中年无论得志不得志，都开始渴望被爱慕。这种被爱慕会产生荷尔蒙，让一个人变得容光焕发，散发出青春的萌动力。如果在家庭中得不到这种被爱慕的感觉，又无意中在外部环境中接收到了一点点这种电波，中年男人十有八九都不堪一击。

家里有男人的，真得自己管好，保证自家男人的荷尔蒙分泌正常，万一出门祸害人家未婚的姑娘，那就是你们家的不对了。中年有苦涩荷尔蒙的男人一般都是意志力不坚定，经受不住诱惑的，就如同贪污腐败的官员，大部分都是自成长以来，传统教育中责任感缺失，价值观扭曲了。这种人通常在生活中饰演着两面人，一面是家庭中的好先生，一面是懂得生活情趣的好情人。就算是买礼物也是买双份，情人有的也不会亏待自己家里人。就像再腐坏的官，每天也正儿八经地上班一样。婚姻和当官一样，没有举报人也没有东窗事发的话，粉饰太平就混到了退休。有没有清官？肯定有，中间的苦闷纠结没人能说得清楚。

这是社会常见现象，但如果没有人做透彻的立场分析，这个社会的风气就坏掉了。大家就都认为一夫一妻制是不符合人性的，甚至认为反腐倡廉是矫枉过正，收受贿赂是人之常情。

很多小姑娘被中年大叔诱骗，中年大叔也被小姑娘迷惑。小姑娘想得到中年大叔现成的风度、成就、荣誉，中年大叔想从小姑娘身上得到刺激和那种肾上腺素飙升的兴奋感。但这都是中年苦涩荷尔蒙导致的插曲，无论是小姑娘还是大叔，把插曲当成主题曲就输了，因为总有一方跟你是不同步的。

有没有那种大叔配萝莉是真爱的？有，但一定不是因为中年荷尔蒙的分泌失常。大叔萝莉也有可能在长久的相处中发现彼此让自己终身受益的长处。无论是合作还是感情，一定是长久的互利互惠才能长久共存。

没遇到过几个渣男，又怎能让自己强大？

你的贵，你的费，都将有人为此买单，只不过有能力的女孩先为自己垫资了。

昨天朋友小美在群里说了一件奇葩的事，一个曾经追求过她的男人，竟然通过一个哥们儿，跟她要回追求她时送给她的首饰。

先别说肤白高挑的小美那一把把的金银首饰，但是我还真从来没见过竟然有人把送给自己的东西再要回去的！

又不是七八岁的孩子，我送你东西然后后悔了，跟你讨回来，大人们也就说小孩子不懂事就算了。大家都二三十岁的人了，送出去的东西还好意思要回来，这种事我还是第一次听说。

还好小美一开始就没看上这个男的，只不过男人知道小美过生日要献殷勤所以送了首饰。这没几天眼看着小美是送多少礼物都追不到手了，竟然想把送出去的成本给讨回来，我也是服了！

我说这种都算是沉没成本了吧！小美说，算了，我赶紧就给回他了，有点被恶心到。

妮妮麦迪说，你们都太单纯了，像小美遇到这种都还不算极品，毕竟大家只是做过普通朋友，翻不翻脸大家都不会把这个人记住很久。我还见过专门去泡空姐的已婚男人，送车送房送家电的，把人追到手，玩腻了以后，把车、房、家电都给要回来的极品呢！

为什么男人都特别喜欢独立的女人呢？因为抠啊！你独立，独立得好，让你自己买车，自己买房，自己装修，自己买家电。你独立，分手了，都不用男人开口，你自己净身出户，退回所有金银珠宝和车房。最怕的就是碰到不独立的女人，离了男人没房住，没车用，没交际的那种。

现代男人最乐于见到的就是两性平等，当然这也是一个伪命题。女人和男人怎么可能平等？事实上，女人要比男人优秀多了。英国知名作家威廉·戈尔丁说过这么一段话：“我觉得女人自称和男人平等真是太傻了，因为一直以来，女人都远比男人优秀。无论你给一个女人什么，你都会得到更多的回报。你给她一个精子，她给你一个孩子；你给她一个房子，她给你一个家；你给她一堆食材，她给你一顿美餐；你给她一个微笑，她会给你整颗心。她会使你给她的东西放大和倍增。”

男人在追求女人的时候有所付出是正常的，女孩子不必觉得自己是得益了或者是受惠了。你花费了巨资投资自己，是有相应的价值的。你的贵，你的费，都将有人为此买单，只不过有能力的女孩先为自己垫资了。男人要懂得这件事：总有一天你会遇到一个好女孩，她不要你有车，也不要你有房，不要你的钻石和首饰，更不要你的钱，当然也不要你。

当然，遇到无耻之徒是每个女孩都有可能遇到的经历，人生中我们无法控制自己遇到的人的素质和层次。没遇到过几个渣男，又怎么能让自己成长得更强大?

为什么白富美总是遇到来找二房的男人？

世界上好男人是不会单独出门的，单独出门的一定是戴着好男人面具的坏男人。

有一天北京的一个姐们儿给我发微信，跟我说最近的感情问题。她说发现这几年遇到的男人都是来找二房的。我吓了一跳，虽然是好朋友，但是我没有想到她会遭遇这样的事情。因为以我对她的认识，她应该是一个大部分男人都会喜欢的女孩子。但如果不是苦恼无处诉说，她又怎么会这么单刀直入？我很心疼她，她遇到的难题也是很多白富美都会遇到的。

长得温婉可人，知书达理，读过名牌大学的EMBA，在投行工作，见过世面，出入高级会所，不发自拍，关注时政，家庭背景堂堂正正，我这位姐们儿就是标准的白富美。因为这样的条件和背景，我一直觉得她就应该有很好的归宿。

投行姐们儿这种情况几乎就是白富美集群遭遇的情感病毒感染。一个有能力、高学历、有想法的女孩子，靠着自己的努力和勤奋打拼到近三十岁，错过了一系列胸无大志的男同事，没看上99个无车无房还在为升职加薪奔波的普通经济适用男，也没机会遇到999个有作为、有上进心、有背景实力成就自己事业的富二代或创一代，却在一群正值中年危机的中产阶层男人那沦陷了。

我问过这么一群稍有成就的中年男人，他们有见识，在单位有稳固的地位，创办过高盈利的企业，聚会中讨论投资、科技、智能未来，开康帝，能随便说出不同酒庄之间的酒品区别，偶尔来根雪茄，吃饭喝酒谈笑风生的时候电话不会不合时宜地响起……

我问他们，如果你们的女朋友要求你离婚，你会怎么做？当然，他们都结了婚，都有家庭，在家是好父亲，买礼物给女朋友的时候一定不会少了老婆的份。是的，他们都有女朋友，或者说红颜知己吧，又可能是亲密的下属。至于我为什么会和他们混在一起吃吃喝喝，我只能说，我正好是个做美食的文艺女青年。没有美食、美女和文艺，聚会就没有了主题。

他们跟我说得很平淡，再美好的感受都会烟消云散，随风而去。要破坏自己的婚姻约定和家庭，是不可能的。

所以在交往女朋友的时候，他们一开始就会灌输自己的游戏规则和理念。越是让女人欣赏和沉迷的男人，套路越深。有自信外表的白富美对看起来有气质涵养和有经济实力的男人都会心生向往。可惜世界上好男人是不会单独出门的，单独出门的一定是戴着好男人面具的坏男人。不是女人太贱，是女人太傻，男人太贪。

现在也不是男人想找二奶的时代了，中产男女之间大家打着互相欣赏的旗号，你来我往，并不互相拖欠就擦出了火花。所以在很多西方国家，要么就大家都单身到四五十岁，玩到腻为止，要么年纪轻轻就在信仰的祝福下誓守，专注家庭社交，要么在婚外情发生后，果断地结束上一段感情，重组家庭。

全世界的情感纠纷都是一样的。全世界的坏男人和好男人也都是一样的。白富美们也别怪那些来找二房的老男人，要怪就怪自己当时有眼无珠。

难怪现在连外遇行为矫治、分离第三者这种业务的公司都能上市了，白富美们本来条件就很好，不必为深陷套路而头痛。其实世界上的选择真的很多，总是遇到来找二房的男人，一定是圈子不对。逃脱中年中产男人圈子是第一种方式。当然方法还有很多，据说“分离第三者”这种公司有33种“分离第三者”的有效方法，常用的“劝退第三者”的方法有4种，不外乎“断、舍、离”。

一是“移情疗法”：帮助“第三者”找到更好的男性；二

是“移位疗法”：帮她安排工作、生意，让她离开本地；三是“介入疗法”：通过她的长辈、朋友来说服她；四是“厌恶疗法”：让她发现男方的缺点以及男方隐瞒的事实。

白富美们有时候很傻，但真爱不用你等待，套路必须马上看穿！

为什么这么多女青年爱上已婚男人？

越有丰富想象力的女人，越容易进套。因为没有几个女人会对看起来有责任感和有担当的男人嗤之以鼻。

冯小刚说过一句话：“我很同情小三，因为小三自己深陷在感情漩涡里面不能自拔。”

打开手机，微博几乎隔三岔五就来一个正室当街打第三者的视频。谁不知道第三者有毒，当第三者不好，但依旧有这么多稀里糊涂当了第三者的女青年，确实很值得同情。

很多女青年爱上已婚男人时其实根本不知道自己爱的是什么。除开一部分是在无意中或者受骗爱上已婚男人的，还有一部分高学历、高颜值、高能力的女青年也在劫难逃。很多人觉得是因为男人太坏或者女人太贱太好骗，这是不准确的，很多男女青年也不坏不贱，在别的事情和情景之下也不好骗。最让正室难为情的是一部分第三者甚至不求名分，不图钱财，说是为了爱情。这才让人头疼。

为了钱、为了欲或者为了仇的情况，都先不做讨论，先来讨论一下为了情这种情况。既然是爱，就肯定是为情所困。很多文章也讨论、劝告女青年们千万不要“失足”于已婚男，插足别人的家庭。道理谁都懂，女青年也不傻，智商都没问题，就是控制不住自己。

前几天我才看过一篇文章劝告女人不要傻，不要上男人的当，不要等待没有结果的爱情。惊奇的是，下面一百条留言中，除了十分之一骂第三者的，竟然有七八成留言的都是身陷囹圄、不能自拔的女青年，留言内容大体一样，都是失足于已婚男的经历。

谁让现在人与人之间不需要相处、不需要时间、不需要距离就能对对方了如指掌呢？这首先就提高了婚姻中稳定的两性各自出轨的风险，主要是认识人太容易了。在过去，了解一个人和接触一个人需要经历一个时间段，而且相当有距离感，就算你对一个人有好感，十天半个月不接触，一年半载不联系，碰不上面也就没感觉了。现在可好，交通发达，信息互通，怎么样都能得到另一个人的消息。

然后大部分爱上已婚男的女人中的都是魅力套。可能一开始就知道对方有婚史、有家庭，可偏偏就是喜欢对方那种已成家立业的淡定、规律的生活方式、有家庭担当的态度，这种魅力套是未婚男人没有的。

越有丰富想象力的女人，越容易进套。因为没有几个女人会对看起来有责任感和有担当的男人嗤之以鼻。如果真是电视上展现的拜金女，因为爱财而插足别人家庭的，这种第三者反而好击退。稍制造一个挫折，双方就可以断了。最难解决的就是碰上超有想象力的那种傻女人，自以为爱上一个隐忍的男人，并且沉迷于对方展现的责任感和担当，无论打骂还是劝告、威胁都击不退她。

这种女青年最可怜了，明知道自己傻，还翻不了身，除非正室不跟她玩了，让她一脚步入深渊。这种正室越来越多，但是大部分也是傻女人，所以深陷三角恋旋涡的一定是两个傻女人围着一个不值得让人尊重的男人转。

陈老板快五十岁了，大家都知道他的财务总监珍妮跟了他二十几年，从二十多岁到四十多岁。外人以为他俩是上下级关系，只有陈老板和珍妮知道公司是他们两个人的。公司是他们两个人打拼出来的，珍妮也因此磨到了四十多岁还没结婚。但是陈老板也没有要离婚的意思。陈老板的老婆孩子都在国外，一年就和他们过两个节日，大部分时间都是和珍妮度过的。但珍妮就是第三者啊！别人不说，珍妮和所有人都知道，她只是个第三者。等了二十几年还没“转正”，从陈老板说等把老婆孩子送出国，等到他说等孩子上了学，再等到孩子懂事，最后估计再等下去，陈老板都要移民，一家团圆了。珍妮和正室依旧二十几年没打过照面，等到把两个人的青春都耗费掉了。

陈老板的选择很多，除了老婆和珍妮，或许以后还可以做第三、第四种选择，难为陈老板的老婆和珍妮，傻了二十几年，本来可以一人吃一块饼，硬是坚持都只吃半张饼。

这种三角关系里，三个人都很可怜，只是可怜之人从来必有可恨之处。谁都不愿意放弃自己曾经得到的，都想两全其美。能忍受这种关系的正室，傻是因为她以为这就是责任和担当。而那能忍受这种关系的女人，根本没意识到自己一直在爱着一个虚伪的男人。

一个真正有责任和担当的男人，一定是愿意做出牺牲的。要么牺牲自己的情欲，要么牺牲自己的名声。

那些出轨后被曝光的男明星，或者回归家庭，即刻断舍离情欲，比如文章、林丹，或者即刻了断婚姻，做出补偿，比如爱上朱莉的布莱德·皮特，与肥姐离婚和官晶华再组家庭的郑少秋，我都依然敬重。要么敢认错，要么敢承担错误。戴着虚伪面具扮演着老好人的那些男人算什么?

那些爱上已婚男人的“失足”女青年，如果能够及早了解自己爱的本来就是这份责任感和担当，也许就能尽早发现那个男人刻意躲避的虚伪。

而不爱一个人特别简单，就是看穿他的虚伪!

祝那些深陷情感旋涡的傻女人们尽早看穿当下的虚伪。

对感情最好的格局是随缘

随缘就是，我不担心对方是否会永远只爱我一个人，是否舍得为我花钱，朋友圈会不会发我照片。

每个人遇事的反应都不一样，这是由每个人不一样的内在涵养、气度和素质决定的。这几年大家都流行总结为：格局不一样。

三个工人在工地砌墙，有人问他们在干吗？第一个人没好气地说，砌墙，你没看到吗?第二个人笑笑，我们在盖一幢高楼。第三个人笑容满面，我们正在建一座新城市。十年后，第一个人仍在砌墙，第二个人成了工程师，而第三个人，是前两个人的老板。

有这样一句谚语：再大的烙饼也大不过烙它的锅。这句话的哲理是：你可以烙出大饼来，但是你烙出的饼再大，它也得受烙它的那口锅的限制。我们所希望的未来就好像这张大饼一样，能否烙出满意的“大饼”，完全取决于烙它的那口“锅”——这就是所谓的格局。

我们都知道人生格局不一样，烙出的大饼也不一样。不仅在事业上，就算放在感情上也适用。

过了三十岁，被越来越多人认识之后，和相识的老朋友聊天时，她们总会好心好意地提醒我：你不要太专注事业了，不要买太多房子了，好好找个男朋友嫁了，好好过日子吧。

本来好心好意的对话，我也没有什么不高兴的，但是这话说得好像我现在没有好好过日子似的。有时候我会想应该怎么回答才比较得体，而且对方又不会觉得自己是个话题终结者。

过日子这个事情吧，就是很多人一生的格局了。我经常反教育我的父母，格局要放大，虽然很多人一生的梦想就是过小日子，但是我并没有。我对感情的格局就是随缘，我并没有觉得过上小日子就好。

随缘就是说不出自己要找一个具体到收入多少、身高多少、体形如何、学历多高、背景或性格如何的人，但是我又不把眼光限定在这些一般人都会有的限制条件上。随缘就是，我不担心对方是否会永远只爱我一个人，是否舍得为我花钱，朋友圈会不会发我照片。因为这些行为都不是我紧盯一辈子的选项，我并不会因为这些行为而感到骄傲自豪。

二十几岁的时候，我经常会在半夜接到女性朋友的电话，或号啕大哭或欲言又止，无非都是想找个人聊聊感情的事。女人都很喜欢把自己的感情生活拿出来交流分享，从对方是如何追求自己的，到自己是如何为对方操心的，然后再到和老公是如何分配教育和陪伴孩子的时间，事无巨细都希望找个人分享一下。

这个时候得体的女友就会附和一下自己的生活也并不完全如意，但是终究是有很多办法可以解决的。稍微爱恨分明、仗义的女友会用自己的思维为对方点拨几句，用上帝视角评论一下，这下女人回头就会突然崩溃，家里可能会突然“起火”。

刘丽丽就给我打过电话，说自己的老公从小节俭惯了，虽然生活中没大摩擦，但是跟自己的生活习惯有很多不一样的地方。刘丽丽从小怕黑，爱热闹。一回到家，她就会把家里所有的灯都打开，即使是自己一个人住的时候也是这样，何况现在是一大家子人住在一起。可她老公并不这样，在家里刘丽丽走到哪里刚转身离开，她老公“啪”的就跟在身后把灯给关了。刘丽丽开一个，他就关一个。刘丽丽没结婚的时候买名牌包从不手软，自己赚钱自己花，香奈儿眼都不眨刷卡就买。结婚后，她带着老公去店里逛了一圈，老公疯了……说买这种包的女孩都是虚荣，做作。刘丽丽越想越不对，当年那么多有钱人追求自己，怎么找了一个这样的老公，这么小气抠门！

刘丽丽以前可不是这么说自己老公的，我让她回想一下自己当年的格局，可没有像今天向我诉苦这样掉到一个小心眼的家庭主妇线上。刘丽丽还是那个刘丽丽，工作没变，收入没变，身边的朋友没变，只是男朋友变成了老公。她当年何时在意过别人的眼光？找这个老公的时候就知道人家是勤俭家庭长大，可你图的从来不是人家对你的消费评价，也没图人家会不会给你买个包啊！你图的就是人实在，有想法，能干事，有爱心。怎么结了婚，心眼就变小了？人家省个电，发表自己的评论，你都不乐意了？

对感情的格局，不是人人都能在稳定线上，不建议盲目放大，但也不要逐渐变小嘛。

大部分人谈恋爱都谈得很好，一结婚就相处不来了。还有很多人相处容易同住难，都是因为自己的情商格局变小了。

有一句话形容情侣，明明对方胖得像猪，丑到令人发指，自己都会担心对方被别人抢走。典型的眼里容不下沙子。这种感情短期还有人能接受，长期的话，双方都会累得要死，甚至想不通时都在想把对方弄死得了。

还有一部分人交往了很长时间，一方在等另一方求婚，可偏偏没个音信，于是等的一方被折磨得半死。只有把格局放大到随缘，你才能发现自己有更好的选择。

不放大格局，你又怎么知道你死盯着的这块猪肉旁边有个菜市场，菜市场里面有各种各样的肉和菜？如果你以前只知道吃肉，没准你格局放大了之后，你还可以到菜市场里面去卖肉。如果你不把肉放在挡住你视线的地方，可能建个菜市场会让你更有成就感和满足感。

所谓永恒的爱情其实是利益的平衡

时间长了，爱情就是，你付出多一点，我牺牲一点。我要的东西，你能给得起，我就牺牲给你。

我的小姐妹在澳大利亚读书，接待了一对六七十岁到澳大利亚旅游的老夫妻。这对老人整个旅途都像年轻人一样腻歪，一上旅行车，就互相把腿放到对方的膝盖上，互相捏起脚来。同行的人羡慕得不行，都想自己能找到一个能这样白头偕老的另一半就好了。

于是小姐妹就趁着机会向这对老人打听和谐相处之道，到底什么样的方法才能过上如此神仙眷侣般的生活。

老太太和老先生经历了三四十年的风风雨雨，穷过富过，生死别离过，肯定是有一些大彻大悟的人生道理可以供后辈借鉴的。

结果老先生怎么说？他说："哪里有什么爱情，爱情也就刚在一起的那一年半载，之后全是互相利用！"

不愧是过来人啊，一语道破婚姻和人生。婚姻的整个过程确实就是我帮助一下你，你协助一下我，或者共同创作一个或几个作品（孩子）。如果一方持续付出，另一方没有回报，迟早是要拆档的。结婚就是两个人共同搞创作研究，两个人不仅要合作愉快，而且要有一点忍让和牺牲精神。一方忍让的时候，另一方也要懂得适可而止。忍让过头也是要出事的。杨振宁和李政道两位科学家，无论领悟力、创造力、做人，应该都是世界上的佼佼者，最终也会因为署名你前我后的问题闹掰。李政道先生当然想着，这个影响世界的伟大理论是我提出的，我应该要回这个排头的名分。杨振宁先生也想，为什么我说我年长让我排头，其实是委婉的表达，你的成功、你的发展都是我带出来的啊，没有我你能有今天吗？所以你说你能不感激我吗，不是我你能有今天吗？

两位科学家的问题，就像一对夫妻，谁都可以站队评价，但是没有对错，也不能用感情来糊弄道理，只能说往后彼此还有没有互相利用的机会了。如果有，我还是要和你在一起的。如果没有，则说明我们都无法再忍受对方的霸道和要求。

世界的能量是均衡的，一个人既然会有正负面，一对组合肯定也是互补的。有人主外赚钱，肯定得有人主内持家。即使是两个野心家的结合，那也肯定是在不同的领域配合。两个人的结合不是打比赛，而是花时间锻炼身体。不像两支队伍争出线，有你就没有我。本来就是老人家跳广场舞，在一起的目的，不是为了弄死你，战胜你，碾压你，婚姻没有你输我赢，又或者说谈感情这个事情就不能有打压对方的气势。因为你们不是在打比赛，而是为了玩得更好，玩下去目的不是出线，而是锻炼身体，活得更长久。

谈感情，就不能怕被人利用。世界上最稳固的关系就是你于我有益，我于你有利。什么是爱情，没人解释得清楚，最开始是都想为对方牺牲。时间长了，爱情就是，你付出多一点，我牺牲一点。我要的东西，你能给得起，我就牺牲给你。

很多人说我们再也找不到像父母辈那样的感情了，看着爸妈两个人那么好，去菜市场买个菜都要两个人一起去。人老了，活动少了，行动范围小了，就很难再找到的合作那么多年，有了共同作品又知根知底的合伙人了，所以不盯紧点，能行吗?

谈恋爱就好像钓鱼

你咽不下的周公子、唐公子，偏偏苦恋着不可能的肖公子，其实都不如你没有见过的陈、李、张、王、徐公子。

昨晚亮子打电话来说，分手了。因为公众假期对方要去工作，她耍了两天公主脾气，对方就不再积极了，任凭亮子再道歉挽留，对方都视而不见。

我说，如果你真的很喜欢他，要不再坚持一下？亮子说，一个如此没有气量的男人，我又怎么敢把我的一生交给他？坚持下去如果是个错误，那不如伤心一下就算了。

然后说起三木，曾经异地恋的男朋友从澳大利亚飞回来，带着三克拉的钻戒向她求婚，但是三木拒绝了。我们所有人都震惊了，曾经大家都以为这会是最好的结局，但三木在马上要开花结果的时候就这样放弃了。

三木说，过去那几年的异地恋谈得太辛苦，对方错过了太多她的美好，她最难过悲伤的时候，对方永远不在她的身边。一个在最艰难的日子缺失过的肩膀，不值得守候。

我佩服亮子和三木拒绝的坚持和勇气。多少难与伤，其实何尝不是自己种下的果?

我另一个朋友裘就说过，谈恋爱这件事，有时候就跟钓鱼差不多，有鱼上钩就生拉硬拽上来，到手了才发现斤两不对，品种也不好。有人就凑合着吃了，有人扔回海里，但这种事能怪鱼吗?

怪只能怪自己，若不是运气不好，就是八字不合。

也是，你自己钓的鱼，自己决定要放回海里还是要吃掉它，所有结果都要自己承受。无论做出哪种决定，都可能失望、失落、伤心或伤身。但是，你要知道，海里还是有很多鱼啊，你还可以继续钓你的鱼，你还可以继续决定鱼的生死……

与一位95后女性朋友聊天，她刚刚把那个大她二十岁的男朋友甩了。之前无论怎么劝小姑娘还是要跟着这位大叔。我很好奇她现在怎么终于想通了！原来对方在饭桌上很不给她面子，竟然公开说她长得丑，而且还不帮她挡酒，别人帮她挡酒他还吃醋，回过头来了还责备她。

先不说这是谁不懂事，人家小姑娘根本就不丑，而且还年轻漂亮！只不过之前太给大叔面子了，大叔还以为自己吃香了，给点颜色就开起了染坊。如果说之前教训小姑娘，小姑娘会觉得有崇拜感，可那矜持天真的小女孩终有一天会长大的，到时再一回想她就明白，不对，上当了！

起初大家都没想通她为什么会看上这位大叔，也许是大叔会玩神秘感，让小姑娘心生向往，产生了一大堆坐享其成的美好想象。突然到这天，小姑娘就醒过来了，自己怎么会和这个男人坐在一起？自己怎么就看上了他呢？

想通之后，小姑娘说自己说话都不愿意再正脸对着大叔看。

你要相信你终将遇到好鱼（王子），远离毒鱼（渣男）。一片海那么大，我们总是忽略它。有时候觉得好神奇，有时候钓起一条鱼，那么珍惜，欢喜，喂养它。曾经以为深深喜欢的人，也终会有失去感觉的时候。曾经以为办不到，没想到可能因为过去的一件事，突然发生的一件事，未来还未发生的一件事，就死心了。曾经没有感觉的人，有一天也会深深爱上。

实情就是这样，你咽不下的周公子、唐公子，偏偏苦恋着不可能的肖公子，其实都不如你没有见过的陈、李、张、王、徐公子。

你趴在自己手臂上哭泣的时候，有没有想到他们来自的那片海？

我希望，我爱上你时，你也爱着我

我希望我爱上你的时候，你刚好也爱着我；
我希望你对我好的时候，我正好需要并感激着；
我希望我呵护你的时候，你也因此而感到幸福。

我一直认为人无论在工作、事业还是生活中的一切牢骚、苦恼、不满意，都是因为两性关系不和谐造成的。尤其是女性。

在北京老书虫书店的分享会上，我和犯罪悬疑题材导演孙导讨论起这个话题。孙导说她在拍《判我有罪》之前，去过重犯监狱做调研，发现女子监狱中很多杀人放火的重犯，她们犯罪都是因为情感纠葛，是各种关于感情的不可调和的矛盾导致的。

这让我更加唏嘘。女人在情感面前不自觉的空虚、多疑和作到底是为了什么？这种情感上的不顺到底让女人经历了什么苦难？

很多人不肯承认，但是不得不面对，两性关系是永远都难以调和的。我们见过那么多旷世爱情，哪个都经不起推敲，我们见过的那么多世间绝配，最终结局都让人唏嘘落泪。

我曾经羡慕我的一对基督徒好友夫妇，他们有四个可爱的孩子，每个月都会出去旅游，每天都可以看到对方在朋友圈晒日常生活的温馨和幸福。我觉得他们夫妻好像永远都不会有吵架、斗气、冷战的时候。他们双方总是在互相赞美，从他们看对方的眼神就可以看出那种溺爱和认同。

后来有一次，女方邀我出游，也不说为什么，只是一个人放下孩子和丈夫，我们两个就毫无预期地去了一趟北京，吃吃喝喝，中间她也没有跟我透露任何心情的好坏和生活的琐碎。途中我们只谈论好吃与好玩的。回来后，我才知道，原来那是一次出走，女方的老公不知道她去哪里了，没有通知，也没有留言，更没有联络。

我不知道他们发生了什么争执，是大事还是小事，这件事就无声无息地过去了。但是我知道，原来看起来美满幸福的夫妻，原来也有我们看不到的冷战的这一面。过后，他们又像往常一样，开派对，一起去宴会，开心地旅游。

有一次另一个女性朋友结婚，她的丈夫坐在我旁边给我的另一位朋友传福音。他说像他们这种一年会离三次婚的夫妻，还好有耶稣，全靠上帝在维持着。我很惊讶，原来在我眼里看似完美的一对也会有想离婚的时候，而且一年还要经历三次这样的折腾。

我突然开始明白，原来感情和婚姻是一份长期事业，波澜起伏才是常态，这里面需要很多方法去调节和维护。很多时候我们爱上一个人，费劲心思去追求她，呵护她，但是那个时候她并不领情，于是你神伤，在快要决定放弃的时候，她突然就改变了。

不知道是因为你通过了考验还是因为她那一刻心情好了，还是被什么事情打击了，在你快要放弃的时候，她突然就改变了。从不爱理你，到开始管你，从约会迟到，到还会给你送爱心蛋糕。可是这个时候，你已经要放弃了，甚至已经开始联络别的暧昧对象……

我们也试过在感情里，我对你好的时候，你总是跟我作对，你对我好的时候，我觉得你是因为内疚，所以多少关心多少爱都不够。

到今天，媒介和传播方式的改变，让我们多了很多手段去了解一个人，认识一个人，也让我们多了很多途经去抒发自己的感情。这些都是感情世界里不可预测的对手。所有的感情，都没有对与错，只有接受与拒绝。

我希望我爱上你的时候，你刚好也爱着我；

我希望你对我好的时候，我正好需要并感激着；

我希望我呵护你的时候，你也因此感到幸福。

要控制自己的感情是很难的，更何况想要控制别人的感情。我不能阻止你做任何事情，但是希望你接受我对你所有的好，这就是好好爱下去的解决方式。爱不要看评论，爱从来都不是索取，爱从来都不是强加给一个人。

我们为何要找时间哭得撕心裂肺？

每次哭完，再想想自己爱看的人和爱过的人，一个都没死，感觉好多了。

有一段时间，不知道是想的事多了，还是吃多了喝多了，一个月里我摔了好几次跤。

每次摔在地上那一刻，眼泪都条件反射地飙出，几乎是自己爬不起来那种，只能坐在地上抹一会泪，等旁边的人拉一把才能站起来。

碘酒是姊妹买的，第一次给我上药的是高中时全班成绩最差、长大后又是全班最有钱的那个霸王同学。

为什么要写这句话？因为我很感动，这两个人都是在我生命中这三年来只出现了一次的人。他们给了我那一刻的温暖，虽然当时痛得我龇牙咧嘴，回家一边用碘酒擦伤口一边哭。

一个人在家号啕大哭真是世界上最爽的事。一边哭一边想象自己是隐藏在世界角落里没人关爱的孤儿，仿佛可以把几辈子的委屈都发泄出来。

白天走得再风风火火，到了一个人的时候还是无缘无故地心塞。生活看起来那么甜，一个人哭的时候又好像那么苦。

有一天晚上，我和出版社的小妹妹在家讨论第二天的签售内容。她说她前一天晚上，突然想起在国外的初恋，就号啕大哭起来，哭得撕心裂肺以至于吓到她的室友。

不知道为什么要哭，也不知道为了什么哭。每个人可能都会有这种情绪吧。

我让小妹妹拿她前男友的照片来看，果然帅得哭死人。

我想了一下我的初恋，感觉已经不能再因为十年前的情节和画面哭出声音了。很多年来，他喝多了就给我打电话，我已经不能回答，但是眼角会流出泪水。

大学毕业十年，我的每一个想法都几乎实现，除了没能找到一个合适的终身拍档。经历了不多不少的情感挫折，一个人住的地方越换越大，从只能躲在房间里哭，到可以在洗澡的时候哭，后来又可以在自己的车里哭，在停车场哭，在客厅哭，最后从客厅哭到阳台，又哭着把衣服晾起来，哭着把晒干的衣服抱回房间，哭得越来越自由自在。

每次都只能想象自己是个孤独作战的勇士，忘掉那些有战友的日子，哭得好像死了伴侣，才能释放所有的负能量。

每次哭完，再想想自己爱着的人和爱过的人，一个都没死，感觉好多了，有一种劫后余生的快感。这种感觉不知道会不会有人懂。如果能见到一个像我这么孤独的人，我会很愿意拥她入怀。

“徘徊着的，在路上的，易碎的，骄傲着，那也曾是我的模样，沸腾着的，不安着的，我和你一样跨过山和大海，也穿过人山人海，我曾经拥有着一切，转眼都飘散如烟。我也曾辜负过别人，如今独自一人。”

一个人鬼哭狼嚎，发泄掉所有的负面情绪，是为了在面对这个世界的时候可以笑得干干净净。

希望你可以遇到一个也笑得干干净净的人，然后你也时刻用干干净净的笑容迎接每一个人。

饭吃七分饱，爱也七分刚刚好

最好的爱情，不会在我想给你生孩子的时候，你希望奔忙事业；不会在你希望我出现在你家门口的时候，我躺在床上觉得天太冷并不值得出门。

送佳佳回家，她临下车前，我还是忍不住问：“你最近在热恋吗？”她问：“怎么了？我有什么不妥吗？”我说：“是的，你最近变得好懒散，做事积极性跟以前比差了一大截，我感觉你要放弃你的事业了！”佳佳跟找到了个树洞似的，说起恋爱的烦恼。

热恋是一件很耗时间、精力和财力的事。两个人在没有热恋的时候可以做很多有效率有效益的事，但是热恋起来，所有的事都是消耗。

每个人都想幸运地认识一个人，热恋一辈子，顺利地过一生。事实上，现实生活中的恋情很少有这么顺利的。两个爱得刚刚好的人，实际上很少，要找一个爱得同步的人更难。更多的时候，爱很难同步把握得刚刚好。当你看着他的眼屎，温柔地帮他擦掉的时候，他觉得在大庭广众之下很尴尬；又或许你轻轻为他拍去衣领上的灰，他却觉得你很刻意又做作。

我在聚会中经常看到这样的情侣，男方硬是搂着女方，女方一脸不情愿，还有女方起劲挽着男方，却被嫌弃的。但是这种情侣长年累月分不了手，他们还真有可能平平淡淡就过完一生。

还有一种情侣，在人前亲密，大方地晒甜蜜撒狗粮，回到家里却把对方掐得不行，最后总是黯然分手。其实爱情不多不少，七分刚刚好。

七分的爱是最恰当的，愿意给对方空间和留放隐私的权利，也不至于把人逼得喘不过气，也不会要求对方给自己超过一百分的爱。

那么多相爱的人走着走着就散了，就是因为都希望对方给自己超过一百分的爱，稍有吃亏都过不去，一点空间都不肯留给对方。最亲密的人，最后崩溃窒息在自己亲手铸造的塑料套中。

最好的爱情，是我爱上了你，但是我又并没有那么爱你，带着冷静，带着理智。最好的爱情，是两个人的思路是同步发展的。不会在我想给你生孩子的时候，你希望奔忙事业；不会在你希望我出现在你家门口的时候，我躺在床上觉得天太冷，不值得出门；不会有任何多于你需求的要求。最好的爱情，无非就是搭伙过日子，找个合伙人，经济上、感情上、时间上、空间上合作经营下去，分享彼此的快乐、悲伤、荣耀、失落。

当然即使这样，我知道，你还是会希望，在某一个无风冷清的夜里，空虚的你往阳台外面看出去，他正站在灯柱下等你……然后你满心欢喜地朝他蹦跳过去。

然而，你不知道，这么美好的画面在电影里都没有好结局吗?

我突然觉得自己太坏了。

感激上帝，感谢每一个和你同步爱过的合伙人，即使后来再也没有机会见到。

要得到天长地久，首先学会分手告别

我觉得每个人的人生都会有遇见自由女神的机会，但是你得先和过去那个黑暗世界分手告别，然后上路。

当你老了，回顾一生，就会发觉，什么时候出国读书，什么时候决定做第一份职业、何时选定了对象而恋爱、什么时候结婚，其实都是命运的巨变。只是当时站在三岔路口，眼见风云千樯，你作出抉择的那一日，在日记上，相当沉闷和平凡，当时还以为是生命中普通的一天。

——陶杰《杀鹌鹑的少女》

我本来不想去那座岛上看自由女神的，因为我觉得以后还会来纽约很多次，一定会去很多次。但是很多时候选择就是，你不知道自己以后到底想要什么，于是现在就只能僵持着，又或者说因为现在学不会拒绝，所以以后未必能得到。

结果第一次我还是上了那座岛，我对这座女神像的所有印象都是电影里一群人在船上对着这个远远的象征美国梦的标志大呼小叫：“自由女神像！快看！我们到美国了！”所以那天坐船上岛的时候，即使倒时差有点头晕，我还是特别想大喊：“我们到美国了！”

象征着独立、民主、机遇的自由女神像，似乎能让来自世界各地的无论任何阶层的人都实现自己的理想。无论你来自世界哪个角落，无论你有什么样的梦想，在这个高举自由火炬的女神像前，内心的斗志和激情都会突然奔涌。

独立和机遇从来都是并行的朋友。你要获得一些新的机会，当然得告别一些旧的牵绊。想得到天长地久之前首先要学会好好分手。

十年前我放弃留在北京，回到广州，过上安逸的食在广东的生活。而我那些放弃安逸的人生，过着北漂生活的同学似乎过得也不差，都开始在电影电视的屏幕上崭露头角，霸占头条。

那些放弃了痴心帅气男朋友的女强人似乎也过得不错，日日活跃在自己的领域中，乐于被年轻的后辈和异性欣赏与膜拜。而那些坚定放弃事业，奔赴爱情的同志，也没觉得过得不如那些事业风光的朋友。我那个曾经以为自己一定会嫁给小提琴家的闺密，某天醒悟，被截胡，嫁作商人妇后，才知道最好的归属就是现在。

命运的安排，有时并不是自己能选择，但是要摆脱长久的枯燥和茫然，首先要持续往一个方向航行。我觉得每个人的人生都会有遇见自由女神的机会，但是你得先和过去那个黑暗世界分手告别，然后上路。

你走，我不送你，你来，不管狂风暴雨我都会去接你。

——梁实秋《送行》

04

CHAPTER 4

第4章 数学差，打天下

人生没有起跑线

起跑线差距大又怎么样呢？有的人是从起点往终点跑，有的人是从终点往起点跑的啊。

很多普通人在评价自己和他人的区别的时候会这样说：我怎么能跟人家比？人家是含着金钥匙出生的！

还有很多父母因为觉得自己吃过比别人更多的苦，自己的孩子生来就不允许输在起跑线上。让孩子用最好的东西，上最好的学校，去比别人高级的培训班。

但是他们都忘了，他们从愤青都变成中产，不也是靠自己走过来的？有人跑在前面，有人走在身后，但是起跑线在哪里？我们何曾看到过？

人生其实没有起跑线，从来没有人输在起跑线上。因为每个人人生开始的时间是不一样的。有的人用五年去重复做一件事情，有的人用十年去见识世界和不一样的人。我的母校中央戏剧学院是很多人梦寐以求的艺术学府，很多考生来考试的时候就已经十八般武艺样样精通，但是最后招进来的学生，依然有很多是一张白纸，可能只是走过路过陪同学来考试的人反而考上了。这我们能说啥？不在同一条水平线上的人都很有可能并肩作战，起跑线在哪里？

我认识很多含着金钥匙出生的男孩女孩，不知道是物以类聚还是什么原因，反正我没觉得他们活得比一般人轻松。对他们来说，家族企业的责任重大，他们根本不可能有自己的喜好可以选择，因为守业是他们生来的使命。

但守业其实是一件更难的事情，我认识的创二代们，他们都用忙碌的人生体现自己的存在，因为在他们的人生里，失败是一件毁家业的事情。他们承受了更多的不信任，只是因为他们生活的环境和条件比一般人好，他们的努力会被完全忽视。有的时候，他们甚至会希望自己生在一个普通公务员家或者是普通的双职工之家，有让自己随性发展的父母，过平凡而不需要肩负别人成败的人生。

当然哪怕是在同一条起跑线的千亿家族里的富二代，成就结果也不同。有人欢喜有人愁。当年跟王宝强一起蹲在北影厂门口，等着穴头来挑人去做群演的怀抱梦想的农民工不也一茬茬，还不是有王宝强走出来和学院派毕业的邓超一起拍电影；单亲家庭出身的孙俪也找到了有爱又宠溺自己的邓超，两个人和和美美地过了十几年。

北京出生的孩子，一出生就呼吸着雾霾，他长大后的理想可能是去大理开个客栈，面朝洱海，春暖花开。大理出生的孩子，一出生就注定做个野孩子，蓝天白云下没有高楼大厦，他长大后的理想可能是到北上广深闯一闯，住上石屎森林里的高楼。所以起跑线差距大又怎么样呢？有的人是从起点往终点跑，有的人是从终点往起点跑的啊！

最重要的不是起跑线在哪里，人生中，无论是哪一段路程，看到的风景都有不一样的意义。有的人选了一个定点转来转去，就看那十几米，有的人跑步看了几十公里，有的人走路看了十几里。人生没有起跑线，每个人的方向都不一样，速度也不一样，选择的行程都不一样。你能选择自己的路却不能选择子女的路。即使你能控制他的前半段路程，推着他向前走，却管不了他在你没留意的时候自己换个方向走啊。

对自己犯过的错，我们都用没有缘分来安慰自己。

自己怕苦怕累怕难受，犯懒爱装不动脑，就说输在起跑线上了。

如果可以站在上帝的角度看自己，你会怎么安排自己在世界这个公园里走动？

你觉得我太好强，我还觉得你喝太多

别人一意孤行的人生千万不能去指点，如果不爽，人家怎么会坚持下来呢?

昨天和一个很久不见的好朋友聊天，无意中又聊到房子。大家都以为身为北京人，家传多套房产的他应该是发得不要不要的。没想到人家对房价一点都不敏感，说家里三环内的房子早就卖掉了，现在家里房子虽然是多，但是兄弟姐妹一分，也就每人一套半套的。他拿着卖房子的钱，全款买了两套北四环的小产权回迁房。虽说是不愁吃喝了，但也完全没有进入中产或者生活无忧的自豪感和优越感。

他说，我看你这么忙和累，你生活得快乐吗? 很多人问我这个问题，我总是说，我很快乐啊，我做了一份我很喜欢很乐意的工作，每天工作都跟玩似的。有一部分人相信我的话，会由衷表示羡慕、祝贺、欣赏；还有一部分人不相信我的话，觉得我一定是在水深火热中人前欢喜人后流泪。

无数次，亲朋好友苦口婆心地教育我，女孩子不要太好强。有时候我还真不明白了，什么叫好强？游手好闲就叫不好强吗？买房买车热情工作就叫好强了？不好强和幸福是画等号的？这句话里明明就有很多坑和各种不合理存在，以至于你想解释一下，别人就会觉得你在欲盖弥彰。你不解释吧，好像真的就是有苦自己知的感觉。

这跟痛风的病人爱吃海鲜和喝啤酒，你觉得他痛苦，他觉得痛风还没有不让他喝酒吃海鲜更痛苦一个道理。我们不也不明白为什么有的男人天天就需要让自己喝得酩酊大醉，其实没有什么要紧的生意或特别的人，竟然就把自己喝成久旱逢甘露了……如果你跟他说，我觉得你喝太多了，喝太多不好哦。人家心里会觉得你好烦啊。喝得不高兴，人家会喝得这么畅快吗？肯定是喝了开心爽快啊。真要是喝了之后很痛苦觉得自己喝了酒就会死的人，我见过，你怎么威逼利诱他都不会喝一口的。

所以别人喝酒我从来不劝别人多喝一点或少喝一点。喝个不停的自然觉得喝得很爽，你说少喝点，小心肝，小心尿酸小心中风，说什么人家都会觉得你是来扫兴的。把头摇得像拨浪鼓一样拒绝的，说再多好话让人喝，人家心里也把你恨得要死。

别人一意孤行的人生千万不能去指点，如果不爽，人家怎么会坚持下来呢？就像我妈妈总在叹息我那些同性恋朋友：太可惜了！那么年轻，怎么会这样呢？

我总要去跟她解释，人家又不是得了绝症，也不会死的。人家的性取向只是一种选择，或许是天生的或许是后天的，但都是因为人家觉得这样的选择会比较适合自己，比较舒服。你有什么好叹息的？

上了年纪的妈妈、阿姨们总是一坐下来就开始问年轻人：你结婚没有啊？孩子谁给带啊？上班远不远？家里有没有人做饭……这些问题妈妈、阿姨们都操碎了心。平日要应付的太多，特有空的阿姨妈妈们已经够累了。如果年轻如你，也要来跟我说，女孩子不要太好强了！快点找个人嫁了吧。那我真是没时间和你好好聊下去，只能跟你讲，我还觉得你话太多了，没事不用跟我找天聊，我玩手机就挺好的。

不要辜负你天生的优势

如果说三五年前是得屌丝者得天下的世界，那么接下来的这个时代，是得女人心者得天下的时代。

我去接我的高中同学，一个在英国读了十年书的女博士归国。我说，哎呀，我终于见到世界上第三种人了。她说，什么是第三种人？我说，男人，女人，女博士，大家都这么说。她说，那为什么我在国外听说的是男人、女人、女导演？你才是世界上第三种人。

看来这个世界有一个共性，就是把高学历高能力的女知识分子归类成第三性，反正不是男人也不是女人。为什么呢？因为她们跟传统的女人不一样。

大部分女人成长到从学校毕业，二三十岁之后，就会自主选择或被迫选择不再成长，社会舆论就会逼迫她们去做“女人要做的事情”，结婚生子，养育下一代，照顾老一辈。

最近我在追的电视剧《人民的名义》里面一个十岁的小孩

说出了现在媒体传播和社会价值观对孩子们梦想的影响。他说："现在我们班上的男孩的梦想都是长大后要买兰博基尼，女孩们的梦想都是长大后要嫁入豪门。"

是什么样的社会和舆论，让孩子在这样的价值观下长大？今天不讨论男孩子，光说女性，这样的价值观就是让女孩子在还没有成长起来的时候就先扼杀了自我。

选择成长还是自我扼杀，是很多女性都没有意识到的一个问题。因为大部分女性并不知道自己到底是在经历成长阶段还是在自我扼杀阶段，只知道我是快乐的还是不快乐的。选择成长就是快乐的，选择自我扼杀就是不快乐的。

我经常在我的朋友圈里面发一些宣扬女性独立思考和生活的内容。时不时就会有人问我："你每天在微博和朋友圈发这种独立主张，能找得到男朋友嘛？"我很奇怪，这两者有关系吗？难道男人会怕这种女人？还是说他们以为这样的女人不需要男人？我说女人要独立自主，却从来没有说过自己不需要男人啊！

我的朋友圈里有许多跟我一样的女性朋友，她们在全世界行走，有自己的理想和事业，精力充沛地经营自己的形象和工作。我觉得她们特别有魅力，而且从留言情况看，这种魅力并不仅能吸引到女性，很多男性也是有同感的。

我偶尔也发过一些类似埋怨未来婆婆还没有发货之类的牢骚，适当地表达一下自己的潜在需求。从认识的人的评论来看，我觉得这种撩骚很可爱又很性感啊，并且貌似大部分人也是这么认为的。

我签售分享我的书时去了全国很多地方，包括北京、上海、深圳、广州。每次在新华书店或中心书城，我看到来参加签售会的很多都是带着孩子的妈妈，很多妈妈年纪跟我差不多。有的人会惊讶我竟然和她们同龄。有一点羡慕和钦佩我是懂的，但是明明我们是一样的人啊！天生有优势的女性啊，这个时代我已经不太能感受到出身和环境对我们造成的影响。女性从出生就自带着分享的天性，在这个以分享聚集能量的时代，女性可以实现和获得的成就要比我们自己想象的还要多还要强大。

前几天我在电视台，跟我一个办公室的男同事跟我说，他老婆把他家里的茶叶啊酒啊，单位发的劳保纸啊毛巾啊都往小舅子家里拿。同事感慨说，生儿子不如生女儿好啊！女儿就是会什么事情都先想着娘家，什么都先往娘家拿。

别的同事问他，那你一点意见都没有啊？男同事说，我当然没意见了！因为我姐也是什么东西都往我们家里拿。家里多的是这些东西，都是我姐拿回来的！

男人的天性是占有，而女人的天性是分享。女性是信息传播的天然途径，扮演把所有信息串联起来的角色。在商业上，谁愿意分享，传播信息，谁的未来价值就最大。

女性的优势从出生之时就决定了。孕育一个生命，女人只需要提供一颗卵子，而男人需要提供一亿个精子。这好比女性就是创业者，男性是投资人，女性只要出一块钱创业，男性就需要投入一个亿的投资。

在过去的一年里面，我做了很多演讲，一直在提倡新女性价值观，然后我们也看到越来越多的女性发声人、女性魅力代表、女性意见领导者的出现。过去几年，我们见到的都是低层逆袭的赢家。如果说三五年前是得屌丝者得天下的世界，那么接下来的这个时代，是得女人心者得天下的时代。

越来越多的女性在领导力和影响力方面表现卓越，展现出女性独立人格。越来越多女性领导力和魅力展现者把她们的成功经验、理想的生活方式和消费观念展现给大家，是她们给整个“她经济”带来了动力。

根据调查显示，24～28岁年轻女性的特点可以用“自信独立，冒险创新，享受生活，乐于消费，时尚，现实”这20个字来概括。她们的消费行为透露出80后的特征：55%的人认为奢侈品是生活品质和品位的表现，可以让她们更自信；84%的受访者表示在未来两年内打算购买奢侈品；70%以上的女性表示出对流行和潮流的关注；63%的受访者认为自己正紧跟时代潮流。而大部分男性的消费决定权都在女性的手上。

我是一个典型的80后，是活跃在职场的女性生力军，这几年一直在做独立女性生活、感情、工作经历内容的分享。我发现很多女孩子有着和我一样的理想和梦，又拥有跟我一样的背景和内心。不要害怕会迎来失败，也不要因为累了选择慢性自杀的人生，因为我们拥有如此不凡的优势，为何要让自己辜负了天生的丽质呢？

努力工作是必要的，对所有人来说，如果你想到达顶端（无论你想要的是什么），都必须付诸努力。问题是单凭努力工作是很难让你富起来的，你一个人永远也办不到，你需要借力而行。这里说的手段有很多种，从外包到投资，你借助的手段越多，就能节省越多时间放在你真正关心的事上，无论是工作还是生活。

中产阶层与富人之间存在许多的不同，一些是天壤之别，另一些则微不足道。事实是，如果你想变得更加富有，你就必须像富人一样去思考和行动。

请不要忘记自己曾经的梦想

无论是物质还是精神，躺在原来的地方肯定是最舒服的，

顺便再嘲笑下那些整天怀抱着所谓的梦想瞎折腾的人。

每个女性从女孩成长到女人，从小到大都有一个鲜花铺路，追光灯照射，然后是头顶皇冠，成为公主和女王的梦想。长大后首先是有一个爱人，然后要有个梦幻的婚礼，再来一个有可以施展身手的厨房的家，最好是有跟爱好相关的可为之奋斗的终身事业。如果没有，老公，孩子，做蛋糕，买买家居，买买包也是可以的。实在有闲心闲钱才会有多出来的情怀开个书店或咖啡店，看看书，摆弄一下花草和画画。

并不是每个女孩子都能幸运地从小被宠成公主，于是大部分女孩子就把这个公主梦寄托在与另一半结合的时候实现，希望有一个如公主或女王走入殿堂般的美好婚礼，脚踩铺满花瓣的地毯，接受来自观礼人的祝福和掌声。

新女性已经不再是那个在结婚周年或者节日等待男人送礼

物的女人，她们自己有不菲的收入，可以任意花费自己赚来的收入，满足自己的欲望。越来越多新女性的出现，让社会经济变得更热闹繁荣。

人们做生意不再盯着男人的需求，大家开始发现新女性的庞大消费能力。

但即使是再独立的女性，或者已经事业有成的女性，最完整的生命也是体现在拥有家庭上，一个爱你的丈夫，一个或几个可爱的孩子。繁衍生命毕竟是上帝赋予人类的基础使命。

一个让人钦佩、赞美的女性首先是具有传递爱的能力，其次才是有着令人折服的魅力和受人尊重的才华。她们都曾经拥有荣耀的人生征途。无论是美国总统的女儿Ivanka还是在朋友圈里面风光无限的微商领袖，她们都有着无比激励女性的光环。她们可以合理地分配自己的时间，兼顾家庭与事业，并且乐意分享自己的心得与经验给更多的女性。

每个女人都应该先找回自己的梦想和理想。我在全国做了很多场签售分享会，发现传统书店和独立书店最不一样的地方是，所有的独立书店里大多是看起来内心充满能量和理想的青年男女，而传统书店里面都是带着满书店狂奔的孩子的家长，而且都与我年龄相仿。

很多人说我还没有成家，我单身，我可以有理想，可以不顾一切地为自己的梦想奋斗，熬夜，玩命工作。我不是这么看的，理想是每个人都应该有的东西。看看你是怎么对待你的孩子的，你希望你的孩子变成什么样，那里面其实就隐藏着的你理想的样子。

虽然有了下一代，但是不代表你的理想被终止了啊，你依旧可以美，可以狠，可以狂，可以任性，可以保持自我。

小时候，听得最多的是家长说，我们这辈子就这样了，以后就靠你们了。其实，我从来都不明白，四十几岁正是人生如日中天的时候，为什么那么早就给自己借口，放弃自己的人生呢？长大后，渐渐发现，这些口口声声认为自己已经没有机会，认为自己的人生已经到头的人，大部分一辈子也真的就这样了。那些整天埋怨单位、埋怨老公、埋怨身边一切的女人，最终在怨气和不满中憔悴、变丑。几十年后，她们仍然穿着廉价的睡衣，脸色蜡黄，神情憔悴地走在街头巷尾，你甚至不会多看她们一眼。

说到底，很多人害怕梦想和理想，是因为害怕这中间要付出的辛劳和努力。踏踏实实过一天算一天不好吗？干吗非要折腾自己去做一些不切实际的事呢？这样的话，看上去是劝别人，实际是安慰自己，因为自己不敢想，更不敢做。无论是物质还是精神，躺在原来的地方肯定是最舒服的，顺便再嘲笑下那些整天怀抱着所谓的梦想瞎折腾的人。然而，被人鄙视如凤姐，终究也在为自己的人生努力折腾，去了美国，即使被人拍到给人修脚，那也是朝她自己的梦想迈进了一步。

再锉的梦想也是梦想，生为女人，不漂亮、身材不好、家境不好……通通不能阻止你成为自己想成为的那个人。关于这一点，请参考芙蓉姐姐和凤姐，至少，我从来不把她们当笑话看。

比起去补习班，
更重要的是找到你的兴趣和方向

那些能在年少的时候就能找到自己兴趣爱好方向的孩子是幸运的。他们可以有更多的时间从事自己的兴趣爱好，并以此为事业。

我表妹说前两天他们工作室的一个90后小孩突然就不上班了，把工作室钥匙放在桌子上，工资也没要就放飞自我了。

说起来，现在的90后机会太多了，根本不用像以前那样担心他们会颓废，会啃老，会找不到未来。

今天我们都在讨论消费升级、新中产诞生的时候，其实讲的是更强大的青年能力。九年义务教育和普通大学教育保证了成长中的70后、80后成为认真、敬业、刻苦的打工者。在后期的高智商、高情商发展过程中，有的人脱颖而出成为了创业者。到了90后，就基本都不受控制了，除了少数被传统家庭和学校驯养出

来的依然有“俯首甘为孺子牛”的打工者气质，大部分开始凸显个性，大张旗鼓地创业，单干。

我一直不赞同身边的朋友把孩子送去补习班。我是一个从小就没有上过补习班的孩子，我们家三姐弟都没有，虽然我妹妹有去帮别人补习赚过零用钱。学校本来已经把应该教你的知识教给你了，该懂的就会懂，不懂的不是强迫就能懂，并不是所有的知识每个人都需要掌握。我一直认为我们的义务教育学到的内容都是了解就好，不需要精通，因为长大以后多数用不上。

考试最多能体现的只是每个人对不同领域的领悟力不一样，考出来的分数不一样，但是并不代表分数考得高就可以考上更好的学校，当上科学家，走上人生巅峰。

我90后的表妹，中学各个科目成绩都非常差，但是偏偏她为人处世学得很好，我也不知道她是从哪里领悟来的。她并没有考大学，而是上了一所职业学院，毕业以后从前台做起，然后转文员，再转行政，升职策划，最后做到了公司副总。所有人从对她不信任，看不起她的学历，到最后请求她帮助，愿意给她工作。当然这首先是因为她对所有跟行政、创意有关的内容领悟力都非常好。工作起来，只要不是跟数理化外语有关的内容，她都可以很迅速地解决。

90后不是当年没有互联网时成长起来的70后、80后。在应用中，只要稍有难题，都可以通过自主搜索完成学习过程，所以以后根本不再需要任何补习班。

我很感激我的父母，很多人来跟我的父母讨教是如何教育出我们三姐弟的。我父母用的就是兴趣包容法。我们三姐弟可以通过各种阅读和其他方式得到各个领域的信息，然后去寻找自己乐意花费时间的方向。在我自己的成长过程中，每一个兴趣班都是自己提出去参加的。无论是书法、中国象棋、舞蹈、古筝、钢琴、声乐、画画，甚至跆拳道，几乎所有兴趣班我都举过一次手。当然，能每样都尝试的人在这些方面肯定没有一样是精通的，但是尝试这个过程很重要。很多父母抹杀了孩子尝试的权利，用半途而废、学艺不精这些传统的观念绑架了兴趣，最终可能有意思的事情都变得平淡无味甚至让人反感。

在全世界，大部分的人在念完大学，读了20年书以后都不知道自己将要做什么工作，为什么要工作，未来会怎么样。那些能在年少的时候就能找到自己兴趣爱好方向的孩子是幸运的。他们可以有更多的时间从事自己的兴趣爱好，并以此成为事业。

现在的90后也是幸福的，因为互联网的发展和生活条件的改善，他们可以有更多的时间用在选择上，而且也没有那么多传统的观念去阻止他们进行选择，因为他们的父母长辈相对是开明的、受到时代感染的。

羡慕那些随时可以参与到某件事或某个项目里来，又随时可以放手，没有任何留恋的90后。不要以为他们是不负责任，是任性，正因为他们不断尝试，才可以找到自己更擅长和更在意的事业。世界因为他们对自己兴趣爱好的选择而正在发生巨大的改变。

教育父母的时代来了

如果你要坚持过自己想过而父母并不认可的生活，其实也可以，但你必须有勇气、有能力坚持到底，而且过得还不错，让父母看到你的坚持是对的。

前几天我应邀参加了一个单身女性论坛，再一次感慨女性力量的崛起。你会发现越来越多优秀的单身女性，她们高学历，有能力，高颜值，高收入，心态积极，谈吐优雅，举止大方。

曾经大家提及的大龄女青年、剩女、离异女或者是各种我们曾经听过用来形容单身女孩子的词你都不敢再使用，因为没有这样的女孩子啦！现在很多单身的女孩子都非常优秀，她们没结婚，没有拖儿带女，没有迷茫、不确定、低落。强大的女孩子越来越多，长得好看，办事有手腕，自己赚钱养自己还孝敬父母，不为讨好男人生存。这群正能量女青年把那些过往用来诟病单身女性的形容词全都打碎了。

当然，我也不鼓吹单身是福，单身万岁，我也不是独身主义者。每个优秀的女孩子，肯定也少不了亲戚朋友的催促。三姑六婆，朋友同学说一说都无所谓，但来自父母的担忧不能无视。

以我自己的经验，父母说的话，没有全对，但是可以反教育。因为我们和父母生活的时代太不一样了，过去他们的生活是封闭的，即使是长距离长时间的分居可能都不会有破裂的机会。经历过动荡、上山下乡和贫困的他们，找到另一半过稳定、平淡的生活，几乎是所有人的梦想。而我们所处的时代，去上个洗手间的时间都可以通过手机认识几个朋友和知道全世界的新闻，面对的诱惑太多，心也越来越大。

父母过去用经验和吃过的亏来教育我们，今天我们可以用眼界和趋势来反教育父母。这并不是叛逆，这是顺应时势和潮流。我经常和我的父母探讨问题，从是否应该着急找人结婚到是不是还可以独自买房，从经济问题到人生大事，我都会反教育我的父母。

过了30岁，再冷静的父母看着自己家里没嫁的姑娘都坐不住了，或循循善诱或威逼利诱，各种模式层出不穷。我会和我妈妈分析，他们希望我快点结婚的原因是什么，是希望有个人养我呢，还是希望我开心快乐呢。父母当然是说不希望我错过人生最美好的年华，希望我在合适的时候去经历人生的必经之路。但是如果这段经历是建立在我不乐意的基础上，那有什么必要去经历呢？为什么要那么着急呢？如果是着急要我生小孩，为了满足你们带孙子的欲望的话，我是不是先把这个任务完成了，你们就可以不烦我了呢？通常说到这个地步，父母都不敢再催促了。婚姻确实是人生的必要经历，但如果不是这些原因，又有什么理由需要催促呢？如果只是希望我过得开心快乐，那么我们可以告诉父母，我们很快乐啊，单身并不意味着选择独身主义啊。

我见过很多幸福的女孩子，她们和我一样，喜欢把父母带在身边，融入自己的社交生活中。让父母知道自己的生活状态和社交方式，这样父母会安心很多。回想一下，我们也并没有那么不乐意和老人家交流啊。

我们和父母需要共同成长，虽然有一天我们也会变成他们，但我们可以延缓父母衰老的唯一方式就是让他们见证我们和时代的融合，并且让他们也融合到我们引以为豪的新社会规则中去。

跟父母讲道理，摆事实，其实是不需要用小情绪来抵抗的。对父母来说，最大的希望还是我们过得好，过得开心。很多时候他们无法跟我们沟通，是因为我们所处的时代不同，而他们很难了解我们所处的社会正在发生什么，我们需要花更多时间去“教育”他们，给他们洗脑，为他们打开这个全新的世界。

所以，当我尝试让父母参与一部分我的生活和工作后，他们开始明白，我们最清楚自己要什么，结婚或不结婚，生孩子或不生孩子，都是为了让自己过得更好，而不是因为别人也这样做。“别人也这样过一辈子”这一套，在今天已经行不通了，因为别人不会对你的人生负责，房贷、孩子哪一样都要自己来扛。当明白了这个道理后，大部分的父母，都会选择理解，至少，表面上要装作理解。

特别同意某个女作家说的，如果你要坚持过自己想过而父母并不认可的生活，其实也可以，但你必须要有勇气、有能力坚持到底，而且过得还不错，让父母看到你的坚持是对的。最怕就是，你按自己的意愿过，最后却过得不好，甚至中途后悔自己的决定。这时，你看到电视剧里的父母都会说，早听我们的，不就好了？

要进窄门，全世界都会为你开路

虽然我也每天都怕自己断供，但是，我知道自己清楚只要一天不努力挣钱就会断供，所以，我不会断供。

突然间全世界都叫我励志姐了，就是因为我十年买了十套房子，从月薪三千到月入十万，月背房贷六万，做了女导演，还要做女博士。你知道光写个研修课题有多难吗？创业了几次，哭过好几回，满血复活后，又去找风投。频繁接触了不同行业的合伙人、创始人后，我最近说话的语速快了两倍。语速快的人给人一种动力，推动着谈话人行动。

为什么要让自己上紧发条，因为作为时钟有自己的任务，一个不会走动的时钟，在枉度它作为时钟的人生。我愿意做一个能为社会创造一些意义的人，哪怕给周围带来多一点有趣的作用。当然，有的人不愿意做时钟，那另当别论。

最近我的一个网红闺密要换一套超过五百万的大房子。在大家都觉得她赚好多钱的时候，她靠着我的肩膀说，怎么办？我好怕我会断供哦。我说，你都下了定了，怕什么，没关系！虽然我也每天都怕自己断供，但是，我知道自己清楚只要一天不努力挣钱就会断供，所以，我不会断供。

我的经验告诉我，每次困难出现三个月后，你再回头看，简直是小菜一碟！网红，要赚500万，很难吗？！好莱坞已经有几个网红买了比弗利山庄的别墅住进去了。原本就住在比弗利山庄的美女们都打算转行当网红了。

最近我脑子突然间好像也上了油，转得很快。我要很努力表述才能跟上自己脑子的节奏，而且遇到进展很慢的事情，会马上去把它落实了。

我所有的朋友都觉得我好累。大家是不是都很想来抱抱我？

我最近有一个很厉害的节目创意，很着急要把这个案子做出来，想要为全人类贡献自己观察到的有趣人生。

你懒惰，你不努力，你就会嫌弃自己，就会遗憾，就只能永远用羡慕的口气对努力的人说，我如果有你这么努力的话……没错，这句话我已经说了很久了，跟大多数的人一样。

有时候，你想与众不同，就需要走和大多数人都不一样的路。这看起来会很难，但是，坚持会让全世界为你开路。

上帝说过："你们要进窄门。因为引到灭亡，那门是宽的，路是大的，进去的人也多；引到永生，那门是窄的，路是小的，找着的人也少。"

人越长大你越发现原来路是越走越窄的。你会发现很多事情不能做，也不会去做，然后发现自己愿意去做、也适合去做的一些事情。

我认识的一个书店老板，在广州很有名，叫刘二喜，大家看见他过着简直是所有人理想的生活：有几家生意不错的书店，写了几本关于旅行的书，在台湾念研究生的时候徒步环岛游，大学毕业后还开过几家赚钱的咖啡厅。看似不羁的他，有着旧物情怀，在学校、旧生活街道收集过去的旧桌椅、旧窗花、旧门框、旧箱子。

他说，一开始想玩书店，结果被书店玩了，现在困在书店中。他开始拿这些旧物重新摆放，做成一个有旧日温度和感情的仓库，可能会做只卖一本书的书店，做不同的展览，可能没有巨大的经济效益，但是，我们的生活和城市需要有这样的人。

他从广阔的天地世界中，越走越窄，回到过去，停留在一个地方，但是，他的创作又给了更多人一个可以有更多想象的空间。

我们都是这样，在一条很宽很宽的路上走着，但是，总是希望与众不同。那可能是一条很少人走的路，见不到利益，见不到同伴，在走进那道窄门后，却能看到不一样的世界。这条路，你会走得很艰难，甚至看不到希望，但只要有信心，上帝一定让全世界为你开路。

每个人都是戴罪生存的状态

所谓的富裕生活，在我看来无非就是什么都不缺，有缺口也可以自己补上。

我内心觉得自己还蛮富裕的。我有十套房子，不愁没住的地方；我有热爱的工作，不愁会忙累；我有理想，不会觉得空虚；我还有钱，不怕找不到男人养不起自己！

最近一个星期都失眠，属于那种得到神的启示，兴奋得睡不着觉那种。突然觉得自己掌握了一种可以过上富裕生活的方法论。所谓的富裕生活，在我看来无非就是什么都不缺，有缺口也可以自己补上。

我提倡让所有的女孩子都过上“富女生活”。过上“富女生活”，其实有很多方法，我总结出来一些：首先要无忧虑，然后是有追求，最重要是心向善。我是一个基督徒，上周回教会的时候，美国来的韩裔牧师给我们讲了一个韩国爱情故事，我听了很有心得，跟大家分享。

一对情侣开车去旅游，路上开车的男朋友请女朋友帮忙在后座拿一瓶水喝。坐在副驾的女朋友把安全带解开转身去拿水杯。就在这个时候，一个骑着摩托车的混混出现横冲而过，男主为了避让摩托，打转方向盘，撞到了护栏上，女主被巨大的撞击力撞飞，冲破挡风玻璃掉到了护栏外高架下的河里。男主当场撞晕过去。摩托车混混视若无睹继续开车离去。男主被急救车救走，女主掉到河里所幸无生命危险，却被开摩托路过的小混混救走，带回家里。女主醒后发现失去了记忆！（不然怎么会说是韩国爱情故事。）女主因为没了记忆，于是开始和混混生活在一起。她染上了跟混混一样的恶习，抽烟、酗酒、吸毒。她忘记了过去的那个自己，变成了另外一个人。有一天，女主走在河边，突然觉得自己活得很没有意义，于是她想要自杀，跳进了河里。这个时候，她被一直在河边徘徊，一直在寻找女主的男主发现了。于是女主又被男主救了回来。这一次，女主的记忆回来了，她想起了这个救他的人是她曾经的爱人。

故事到这里，你们觉得结局会怎么样?

你们说女孩应不应该回到过去男友的身边?这位救起他的旧男友又能不能再接受她呢?

现场很多朋友都说女孩应该回到过去那个深爱她的男友身

边。所有人都觉得男主角一定会原谅因为失忆而做过坏事的女孩的，但是现场的朋友又不敢很大声很肯定地回答。所以大家心里还是很担心女主会做出傻孩子般的选择，也都担心男主会狠心不要有过不好经历的女孩。但是大家又都知道最好的结局莫过于，他们再次相见，重归于好，幸福生活！

现实呢？韩剧到我问你们结局会怎么样的时候就结束了，而现实中不同的人会做出不一样的选择。局外人都很清醒，但是我们阻止不了局内人的傻啊！

回头想想我们自己和身边的人，谁没有过不好的经历？难道因为不好的经历就再也不能开展新的生活了吗？难道因为各种原因的失足，哪怕是幡然醒悟之后，哪怕是有了新的机会，都要因为别人的责怪、自我的悔恨、周遭的眼光，还有可能再次失败的结果，就还要继续失足的生活吗？没错，那些失足的经历、难堪的人生，女主每天醒来的时候依然会想起，不可能像遭遇意外那样突然忘记过去，但是她依旧要生活啊，我们都希望，都觉得她应该开展新的人生，不是吗？

没错，是过有罪的人生，但是我们的整个人生就是戴罪在生存啊！这个罪已经发生过，不能从我们的人生中拿走。

我做了八年健康节目，和很多中医老专家都很熟悉。有一位很有名的肿瘤专家跟我说，很多人一进他的门就问，教授，听说您治肿瘤很厉害，癌症能治好吗？教授说，很多人觉得肿瘤一定要切除，其实我更鼓励一些病人带瘤生存。能吃能喝能睡，有信心地生存下去，哪怕是带瘤生存，其实就已经叫——治好了！

带着信心生活，明天又是新的一天，不是吗？戴罪生存没关系，我们要对明天有信心。

我承认我自负，但是我不妒忌

这个世界做错决定的人已经那么多，你行你就别制造负能量，说点好话，做点好事，写点正气的好文章。

有的决定，是你的父母和你的人生都无法接受的，但是作为旁人，我们可以说点好话。

听说今天小区有人跳楼了，不知道真假，不过早上看朋友圈，看到有人说出门买菜，突然前面就有人从楼上掉下来。

唏嘘。

晚上吃完饭回家，因为心情不太好，我就没直接上楼，在小区的花园里坐了一会儿，抬头看看四周的高楼和天空，还真是庆幸自己能看到广阔的天，即便是被“石屎森林”包围。

起码我不至于想问题到无法解决的地步，天外总有天，楼外总有别的世界嘛。想起很多跳楼的人，是不是都是在无法穿透的屋里让想法走到了尽头，才走到走投无路的那一步？不知道那些跳楼的人在空中的时候有没有后悔过，其实还有别的路可以走。

即使是到了终点站的车，也可以掉头再走一遍原路啊！

有时候我们的一时冲动和一根筋的想法，真的是没有考虑周全，起码得考虑到父母和自己的整个人生啊！

最可恶的是，有时候看到身边有人可能正处在绝望的边缘，那个时候，你作为旁人，眼看着别人做出了错误的决定，却没能说上一句好话，甚至还踩了一脚。

你得承认，你做的所有错事，都是因为自私。因为那一时半会只想到自己的私欲，想满足自己或者满足别人。做错事的人，基本只有两种想法：一种是，这个局面我已经不可能扭转了；另一种想法是，我一定可以扭转这个局面。这两种想法都可以让人轻易做出错误的决定。

因为局面就在那里，是命中注定的，你无法知道结果。所以想象出可以扭转和不可以扭转这两种画面，你都是错的！

有时候我不得不佩服我自己看透这个世界的能力和总结能力。前几天有两位号称高级知识分子的大姐批评我，她们不喜欢我写鸡汤，不喜欢我自负。可是人和人的差别就是这样，你越不喜欢的人，越是走在你的前面。

自负不是个惹人讨厌的事，但自负加上妒忌往往更让人看到丑陋。

所以我承认我自负，但是我不妒忌。你行你来，我自觉一边去。有这种自觉性的自负从来不惹人讨厌。这个世界做错决定的人已经那么多，你行你就别制造负能量，说点好话，做点好事，写点正气的好文章。

我从来不讨厌自负的人，自负的人一定有过人之处，但是我们能力再强，也不能用自己的长处去碾压或者践踏别人的短处。做一个有道德芳香的人，首先要做到用自己的长处去服务别人并把这件事视为举手之劳。

从上下两代人看一个人的成功与否

虽然特朗普破产过很多次，但是他又站起来了啊！建了一座又一座的摩天大楼，而且一个能把所有孩子都教育得如此出色，又如此团结的家族，必定有过人的精神传统。

最近，美国总统大选这出全世界最多人关注的美剧终于落幕了。

我的华尔街好友，专门为希拉里开了一个微信公众号，写文章表态。生活在美国底层的凤姐，写文章支持特朗普，视特朗普为偶像。不管是在英国还是美国，依靠民主投票，普通群众又一次战胜了一直占有话语权的精英。虽说普通群众的素质是不稳定的，公投的最大危险之处就是智商高的人毕竟是少数，但命运是上帝掌控的，无论谁做总统都得摸着《圣经》宣誓，这样看来靠智商运行世界显然不是上帝定的规则。

作为一名普通群众，我一直觉得这位拥有娱乐圈经历，喜欢看电视，还做真人秀节目的特朗普挺具备美国精神的。

不管他和希拉里到底是谁给谁买黑粉去黑对方，在竞选美国总统这一刻，论美国精神，把不可能的事情变成可能，这一点，特朗普比较出色。

我敬佩特朗普，很早之前就在朋友圈感叹，虽然特朗普破产过很多次，但是他又站起来了啊！建了一座又一座的摩天大楼，而且一个能把所有孩子都教育得如此出色，又如此团结的家族，必定有过人的精神传统。连希拉里都认为这是特朗普身上最大的优点，他的孩子们都非常优秀。

而特朗普眼里的希拉里则带着他的教育理念。在他眼中，希拉里最大的优点就是永不放弃，一直在坚持。我认为，特朗普就是这样教育他的孩子的。川普有过三段婚姻，养育了五个孩子，两个女儿，三个儿子。作为地产大亨，他的孩子自然都是含着金钥匙出生的，但是这五个孩子身上没有一点纨绔子弟的气息，不会开着名车到处炫耀，也不会在夜店夜夜笙歌，个个优秀上进，这些都跟老爸的教育分不开。

作为富商最不缺的就是钱，但是特朗普在金钱方面不会随意对孩子大方。他要求孩子们自己去打工，他只提供教育费和必要的生活费。他的子女连电话账单都要自己付！正是因为父亲的这个要求，伊万卡（Ivanka）在上高中的时候开始做兼职模特赚钱，这也造就了后来的名模伊万卡。儿子小唐纳德13岁的时候就在码头当服务员，上大学每月的生活费也只有300美元，如果有额外的需求，要自己想办法去赚钱。特朗普总是告诉孩子们：想要一件东西，就必须自己赚钱去得到它。

特朗普不仅是一个成功的商人，也是一个成功的父亲。作为一个成功的父亲，他具备的这些特质值得我们学习：尊重和支持自己的妻子，尊重和支持自己的孩子。也许，尊重和支持是每一个有担当的成熟的人必须具备的素养吧！

数学差，打天下

大部分人在劝说别人的时候，都会用一句话：我给你算一笔账……每次我听见这句话就开始失聪，因为别人怎么算我的账，我都不会听得进去。

我在美国的朋友们都活得好没欲望，哪怕在华尔街上班，最大的愿望就是去爬山、徒步、翻火坑。有很多人对繁华都市的感觉就是反感，觉得拥挤，节奏快，压力大，人无情。我反而是个无比喜欢繁华都市的人，觉得人类文明的灿烂成果在这里一一展现，每个人都在用积极的步履实现自己的理想，我很喜欢这种感觉。

有的人喜欢农村，无敌的大自然景观，悠闲的生活，我也喜欢，但是那不属于没有见够世面的我。对于现在的我而言，世界的每个角落都显得那么新鲜，我不想做一个普通平凡没有贡献的人。

第一次到纽约，从上海飞了15个小时，纽约旅游局为我安排了在世贸对面千禧希尔顿顶楼的大套间。看着270度的曼哈顿的夜景，有一种享尽繁华的感觉，那种在曼哈顿五十几楼俯瞰世界的感觉让我涌起一个念头：好想在曼哈顿买个公寓！

前段时间我因为买了十套公寓被我妈投诉上了电视。一夜间，全中国都知道我是个数学差的傻妹子，买了十套不赚钱、租不出去、倒腾不起来的郊区房子，背了一身的房贷。

节目里，我妈愁眉苦脸，我快活自豪。妈妈当然是对的，妈妈永远用最真切的心呵护自己的子女，她不要住我的任何一套房子，当然我也不要父母帮我还任何一套房子的贷款。她不喜欢我早出晚归，整日奔波，可那是因为她没有享受到我的生活乐趣。她脑子里都是每个月还房子月供的数字，我为此要背负的利息，为此要做的每项工作。

第二天，我在曼哈顿街头买了一份中文的《星岛日报》，打开地产版，津津有味地看了起来，顺便还认识了几位华人地产经纪。

因为数学差嘛，所以我的脑子里，从来不计较贷款的利息。每月还多少房贷和利息又有什么区别？我得到了极大的满足，我有房子啊！去工作，无论写的这篇稿子收的稿费是多还是少，我都不计较。大家看着高兴乐意，觉得有信息量和正能量就行。

拍节目，我也是以开心度和信息量来衡量收益，哪怕是舟车劳顿的课程讲座工作，亦或是匆匆忙忙地坐两天飞机来回的一日城市游，我也不会觉得累。数学差的妹子，计较不了时间和收益的得失，只在乎心灵的满足感。

很多人没办法像我这样，因为他们数学太好，做每一件事的得失心太重。我的一位朋友在创业，每天都把自己弄得苦逼兮兮，加班到深夜，凌晨发牢骚，清晨发口号，每天卖压力，吃着苦中苦的感觉。用他自己的话说就是用自己都难以想象的活法在走这条路，很辛苦的人生。

这种感觉是做给投资人看的，不是对自己喜爱的事业充满乐趣和信心的生活状态，虽然我知道创业很痛苦，九死一生，放手一搏，要么凤凰涅槃，要么葬身大海。可是他每天都叮嘱自己和员工："人生哪有什么尽力而为，一切只能全力以赴。"这实在是太紧张了！刚开始还觉得他工作很专注很认真，长期这样下来，又觉得他肯定是情商或者是智商有问题，才让自己的人生过得这么凄惨，好好的做事业弄得苦大仇深的，这种能量对自己和公司的发展都不太好。

即使是马云、刘强东或者贾跃亭，也就是在功成名就之后才敢发发牢骚，为了中和一下大众仇富的心理，才公开说一下自己宁愿没有创业过，不愿再做一个有钱人。没有成就之前，苦和累起不了打气作用。

在我的经验里，越用力做的事情越倒霉，越自由越没有束缚去做的事情反而越能成功。人生就是这样，用力憋不出好点子，人生也不存在什么选择，一切都是事赶事，人赶人，到了那个杆子上，你想回头也很难，你想不去也不行。

所以，永远给自己一条生路，不要让自己绝望。

数学要是太好，很容易崩溃和绝望。很多人都觉得我特别傻，特别笨，但是又忍不住羡慕我的乐观。

大部分人在劝说别人的时候，都会用一句话：我给你算一笔账……

每次我听见这句话就开始失聪，因为别人怎么算我的账，我都不会听得进去。

人生就是在错误和正确中崎岖前行，走得太直，不好玩；走得太曲折，会很慢，但是你步数比人多啊，数量可以取胜啊！

我在纽约的地铁里看到一句话：Newyorker， you see something say something（纽约人，做你自己）。

在纽约的地铁里也最多奇人异士，有人把自己打扮成阿凡达，有人举着中指前行，有人就睡在过道上，有人边跑边叫，还有人自己给自己讲笑话。周围的人也不反感，你是你，我是我，擦肩而过，我觉得好玩就打个招呼，我觉得好笑就跟着笑一个，我觉得你无聊就不做表情。

做最自由的自己，不算那笔账。

看到什么说什么，想做什么做什么。世界这么大，折腾最不亏。

CHAPTER 5 第 5 章

生活到底是诗与远方，还是房子跟存款

05

在泰国清迈养老，需要多少钱？

比较稳妥的办法是到当时先租房临时居住三四个月，看看能不能适应当地的生活。

我喜欢看房的兴趣爱好，这两年开始发展到了海外。

对全世界不同地方房产的了解，也让我偶尔会产生各种各样的想法。

我们的父母、爷爷辈可能还有根深蒂固的家乡概念。等到我们这一辈，世界大融合，信息互通就在瞬间可以实现，距离在科技面前变得越来越不明显。去不一样的国家旅行、生活和定居都变得相当容易。

我就给大家介绍一下离得比较近的东南亚的养老生活。

清迈是泰国的第二大城市，整体物价在泰国算是偏低的，主要是五个好：一是房租便宜配套好；二是医院很多，就医方便，医药费比中国便宜几乎“一个零”；三是空气好、水质好、环境好；四是泰国人力资源便宜，工资不高，请保姆虽然看档次、看质量，但折合人民币每月均价只要800~1200元，服务已经称得上“贴心贴肺”了；五是节目多，餐厅多，娱乐多，公园多，只要还走得动路，一般来说，要啥有啥。

泰国鼓励外国人前往养老安居，年满50岁的人，在泰国银行存够大约人民币15万元，就可以在泰国买房养老，获得养老签证。

清迈的气候与中国的昆明非常相似，也是四季如春，非常舒服。老夫妻俩带个孩子，一家三口每月2000~3000开销，在国内日子过得紧巴巴，但在泰国清迈，那就算是小康中上水平了。

孩子还能进幼儿园或者小学读书，基本免费。

清迈政府坚持以农业、手工艺以及旅游业为经济主体，严禁工业（特别化工业）进入，所以清迈的森林覆盖率在70%以上，是名副其实的绿色城市。当地的空气污染指数基本都在30以下（污染指数分六个级别，0~50证明空气质量为优），常年蓝天白云，微风拂面。

清迈的社会治安远比曼谷好，当地人信佛，与人为善，见到任何人，包括外国人，都报以友好的微笑。这个佛教国度，加上气候适宜，生活节奏很慢，幸福指数奇高，无忧无虑。一般来说，一家三口月生活费用约10 000泰铢，一年12万泰铢左右，折合人民币每月1800元左右，每天可以吃得好、玩得好、过得好了。

清迈是泰国物价偏低的地区，由于本身农业以及水果种植业发达，所以农产品以及水果价格都相当便宜。最便宜的时候，清迈的山竹2元人民币可以买3斤！在清迈长居有经验的朋友大多知道，买蔬菜水果要去本地人的生活集市，既新鲜又便宜。泰国的普通水果如杧果、荔枝、龙眼、山竹、香蕉、西瓜、红毛丹等通常是20～30泰铢一公斤，折合人民币2元多一斤；贵一点的如榴莲、莲雾、释迦等，也不过40～50泰铢一公斤，折合人民币4元多一斤。蔬菜大多10～20泰铢一公斤，折合人民币1元多一斤，要是能找到清迈的蔬菜批发市场，那就便宜得一塌糊涂了。

猪肉120～150泰铢一公斤，折合人民币12～15元一斤，肋排150泰铢一公斤，牛肉250～300泰铢一公斤。明治牛奶、美赞臣、雅培、惠氏奶粉等也比中国国内便宜不少。按三口之家每天消耗一公斤牛奶、一公斤肉类、一公斤蔬菜以及一公斤水果计算，一天花费大约300泰铢。加上其他油盐酱醋，生活费预算每个月1万泰铢足矣，折合人民币2000元左右。出行费用一年4万泰铢左右，折合人民币8000元左右。如果买辆老年人用的高档三轮机动车，那简直就没什么开销了。

在清迈租房，每年约20万泰铢，折合人民币每个月3000元左右，这已经是很不错的居住房了，一般一个月2000元左右就足够了。在清迈买房，一般5000～6000人民币每平方米，有更贵的，也有更便宜的，但我不主张买房，用买房的钱租房更划算。清迈空房有的是，没人会去炒房，因为没这个氛围，当地人更没这个意识。如果都这么急功近利，清迈就不适合待了。当然，如果你的资金还比较充足，那就可以在泰国清迈买房。

由于泰国没有物业税，所以买下物业后基本很少有其他费用。置业的一次性投入200～300万泰铢足够，折合人民币40～60万，可以选择购买两房的公寓或者三房的别墅，区别在于外籍人士买公寓可以拥有永久产权，而买别墅只有几十年使用权，这样一年水电物业费大约2万泰铢，折合人民币约4000元，每月300元左右。

另外一种是租房，如果两个老人还带一个孩子，那就可以在清迈读书。清迈的教育性价比很高，国际学校一年的学费仅20万～30万泰铢，比国内国际学校的学费便宜一半以上。清迈目前有8所国际学校可供选择。孩子从小在清迈接受国际教育，中学后可以去欧美读大学，这也是很多人定居清迈的一个重要原因。

还有其他费用，包括签证（孩子读国际学校可以获得教育签证，一位家长可带一个小孩）大约一年2万～3万泰铢，商业医疗保险一年3万～4万泰铢（每人1万多泰铢）。以上算是必需费用，至于娱乐活动、运动健身、购置衣物、出行旅游等等，由于个人主观喜好区别太大，就请自行把握了。这类费用一年5万～7万泰铢，折合人民币11 000元左右。

一家三口在清迈定居，一年的基本开支（包括孩子上国际学校学费、租房、旅游娱乐）为65万～70万泰铢，也就是12万～15万人民币。

以上这些费用，都是“就高不就低”，单纯的养老，平均每月3000元就非常不错了。当然，前提是现在身体尚可。如果在清迈待上三年以上，真的没钱看病，也有社会保障，医院不会不管你死活的。

在清迈养老的外国人非常多，许多老外甚至乐不思蜀，不想回家，把清迈当成自己的家了。至于语言，一般高中生水准的老人在那里待上一年半载，毕竟处在这样的语言环境里，学会基本生活用语绝对没有问题。而且现在泰国普通话服务已经非常普及，要找到会讲中文的人，分分钟都不是难事。当然，比较稳妥的办法是到当地先租房临时居住三四个月，看看能不能适应当地的生活。

泰国的旅游签证一次可签60天，一次签证可以居住两个月，中间出一趟境，回趟家。几个月居住下来，感觉不错，再正式下决心，就不会后悔。据说，只要认识当地的律师朋友，他们有很多的办法让你居住下来，而不必来回折腾。一般来说，适宜居住的城市与适宜养老的城市，不是一个概念。到泰国养老，最好有几位和睦相处的老人做伴，有一个群体，大家互相照顾，互相学习语言。请两个保姆可以照顾四位老人，不仅费用可以大为降低，而且老年人生活更无忧无虑，许多烦心事可以眼不见，心不烦，这确实是一个可供养老的选择方案。

劝你买房的人是好人，也是糊涂人

如果你真的想成为富人，那就发挥你的赚钱能力，而不是省钱能力。

过年前跟大家说我要买的二沙岛的房子，被卖家放了飞机，不卖给我了。我的经验跟所有人一样，买定就离手，不要犹犹豫豫的。我本来都跟卖家谈好了，后来因为过了个年，错过了约定的交易时间，对方就反悔了。然后我要卖的清远的房子，因为广州限购，清远的房子莫名其妙从5000多涨到了10 000块一平方米。突然间大伙儿都来恭喜我，因为大家都知道我周边郊区的房子多，都觉得我赚翻了。

现在想起来，还好没有买到二沙岛这个房子，否则我又要背上巨额贷款。因为其实贷款再增加就要影响我的生活质量了，况且这次高位接盘，我很可能就会被套牢在楼市里。买不成房子，手里的钱不做任何用途的话会迅速贬值，作为一名没有更好的投资途径、又不懂得更多金融产品的女性，我选择了把我其余的贷款还清。起码我先把之后每个月要还的利息给赚回来了。

大家有一个错觉，以为拥有的房子在升值，自己的财富就在增长。我确实体验了一把现金在手里，随着房价的增长，手里的钱变得越来越少的感觉。而实际上，虽然我们买的房子看起来一路在涨，但是如果卖不出去，依然是钱砸在手里了。中国真的是地大物博，有好多好多的地，只是城市太集中了，就像《人民的名义》中权力太集中的后果就是，终有一天会有人来打破这个僵局。

今天中心城市限购，就是为了周边郊区去库存。我自己是到处买房子的人，今天发现我买这么多房子，却没几间是我住过的。最近很多中介很兴奋，到处跟大家说，你看我当初天天求着你买房吧，你不理我，昨天你对我介绍的房子爱理不理，今天这些房子你都高攀不起了。还有很多人提议你去羞辱一下那些曾经不让你买房的人，看看他们究竟倒霉没有，有没有因为内疚请吃饭，弥补你心里的损失。

实际上，只有一点是对的，那就是，如果钱没有被你花出去，那你就亏了，但是如果用来买房，而你的房子卖不出去，你也是亏的。因为通过大杠杆买来的房，需要长年累月地为银行打工还利息。

中国人爱买房是因为房子就算卖不出去，还可以留给后代。很多人没有对比过把房子留给后代和把见识留给后代的区别。一套房子岂止困住了一代人，在很多地方，一套房子已经需要一家两代甚至三代人一起供。如果有这种团结的魄力，为什么不一家人拿着这些供房子的钱去世界各地看看、去旅游呢?

“你最大的资产是你的赚钱能力，你最好的资源是你的时间。”——博恩·崔西(Brian Tracy)

“如果你有一天变得富有，记得同时考虑开源和节流。”——本杰明·富兰克林(Benjamin Franklin)

储蓄很重要，投资可能更重要，但赚钱才是一切的基础。你一定明白储蓄和投资是必要的，但如果想通过这两种手段大幅提升财富，你就需要赚更多的钱。因此富人致力于创造更多赚钱的途径，并利用这些途径赚得更多。如果你真的想成为富人，那就发挥你赚钱的能力，而不是省钱能力吧!

算来算去，最划算的，就是把钱花在长见识上了。让爸妈和你一起供房子，操心下个月的月供，不如带着爸妈和这个月的工资，先搜索一下，哪里的民宿可以住上一家人，来一场说走就走的旅行!

新中产阶层的独树一帜和随波逐流

如果你想挣得更多，就去和更会挣钱的人相处，这会帮你跟上他们的思维。因为如果你想变得富有，就必须像富人一样去思考。

在这个世界上，富人们寻找并建立关系网络，其他人只是寻找工作。

——罗伯特·清崎（Robert Kiyosaki）

中国的高净值人群数量不断庞大，可以说中国新中产的时代来临了。可是在美国，穷人和中产其实是一个阶级的，所谓的中产阶层即比穷人富有，比富人贫穷的这个尴尬阶段。

中产阶层之所以重要，是因为它一直被视为“社会稳定器”。社会学认为，一个以中产阶层为主的社会，是相对稳定的社会。

这一说法可以追溯到两千多年前，亚里士多德认为，中产阶层拥有适当的财富，最容易听从理性，可以安分守己，是理想的中庸阶层。马克思也持有类似的观点，认为中等阶层的瓦解容易导致两极分化。

因此在历代社会学家眼里，一个理想的社会应该是以中产阶层为主的纺锤形社会，而壮大中产阶层，也基本成了各国的共识。

这一轮的买房恐慌就是来自于新中产。其实中产们都很焦虑，也很着急，大家在这个变幻莫测的时代中都感觉到有那么一丝不确定性。有个调查说，像广州这样的一线城市，年收入超过30万元算是中产，但即使到了这个收入，大部分人也感觉并不踏实，甚至还有很重的危机感，因为不确定因素太多了。

找份稳定工作很舒服，为别人工作也很容易，中产只要安逸就心满意足，但富人会意识到只有身处不适才能造就不凡。创业就像一次冒险，冒险并不总让人舒服，但它却能帮你创造财富，取得成就。

走出舒适区，抓住每一个机会。如果你想变得富有，你就需要不适和失败，这没什么大不了。如果你还没经历过失败，那只能说明你做得还不够。

比如，很早之前很多中产奉劝大家不要买房，说自己都把房子卖了在租房子住，但是很多人不知道中产的反应也很快，他们中途可能转变了投资策略，这个策略他可没时间详细跟你分析。

罗振宇就曾经号召大家都把房子卖掉，租房子住。很多人在房价大涨的时候都去问他现在怎么看。他说了一番让人很想打他的话，他说，他之前是把房子卖了，但是他用卖房子的钱在房价没怎么暴涨的那几年去买了腾讯的股票。股价涨了几番之后，他又在房价大涨前，把股票卖了，把之前卖掉的房子买回来了！最后他告诉大家，任何人的劝告和建议都是有风险的，因为没有一个人会把自己思考的所有维度和细节都告诉你！

富人深知当他身边都是成功人士时，自己也将成为其中一员；同样，失败者也总是聚集在一起。一般来说，你的收入约等于你最亲近的三个朋友的收入平均值。如果你想挣得更多，就去和更会挣钱的人相处，这会帮你跟上他们的思维。因为如果你想变得富有，就必须像富人一样去思考。

新中产和富人之间的差距在于新中产总是需要指导，他们需要有人告诉他们怎么消费，怎么投资，怎么做未来的打算，但是富人不需要。富人很清楚自己要的是什么，并且适当地在引导潮流。决定穷人、中产和富人的是现金流。穷人都是负的现金流，负债拖累了穷人。中产人群购买了太多的负债，比如车、孩子等，他们挣了很多钱，可是他们花的钱更多，每个月的净现金流接近于0。富人都是正的现金流。富人靠资产给他们挣钱。

根据《福布斯》杂志报道，位于财富榜顶端的400名美国人所拥有的财富相当于底层1.5亿美国人财富的总和。那么剩下的人呢？也就是所谓的中产阶层又是什么情况呢？你可能正属于这一阶层，不是很穷但也算不上富有。

数据显示，在过去的几十年里美国中产阶层的规模一直在不断缩减，也就是说在未来的某一天你将不再属于这一阶层，你可能会更穷，也可能会更有钱。中国现在就处于这种状况。

大家焦虑说明大家意识到需要变革，只有变革才能让一成不变的生活产生新的能量。

上帝给每个人的时间是不一样的。当你意识到你的时间是不可控的、未知的，你就会觉得很紧迫，因为你不知道下一刻将发生什么，所以只能在这一刻跟上节奏。

最近很多人提议慢生活，这种生活方式是很正确的。于是有一部分人抛弃了主流方向，开始自我的寻找，回归田园或者最自然的状态。这是新中产的其中一股清流，虽然生活应该慢下来，但是思想应该动起来。

真正的富人无时无刻不在焦虑中寻找最好的对策，或者找对的方向。随大流并不是最好的理财之道，除非你迷失在森林中，那时你当然要随波逐流。

中产人群也会为自己制定目标，然而正是目标的大小区分了中产和富人。前者总是制定容易达成的简单目标，而后者的目标则看起来困难又疯狂，但他们知道自己可以达成，这源于他们适当的心态。

下次制定目标的时候，问问自己，是否可以把目标定得更高。这是我的能力极限了吗？我是不是可以做得更好？我想答案总是可以的。

生活到底是诗和远方，还是房子和存款？

你要在最好的地方立足，就要看到自己的成长和这个地方成长之间的差距。

每次北上广深的限购新政一下来，都会拉起一波周边城市的房产涨幅。

广州限购新政下来第二天，看了几个月房子的小闺密一早神速地去郊区抢房了。据说当时人山人海，买房子跟去超市碰到大促销，一块钱就可以统统拿走似的，大家急得要打架，排队也排了一整天。几个月都拿不定主意的小闺密，被新政吓得魂飞魄散，一天之内就把看都没看过的郊区房子给买了。

前几天有一个朋友发朋友圈说两个清华的毕业生坐出租车，讨论到自己还没有买上房，大家的目标就是要在北京买到房，落叶生根。出租车司机很淡然地说，他自己就是北京人，靠着拆迁分了几套房，但是这并不能让他感觉很骄傲。如果清华北大的毕业生的毕业愿望只是在北京买一套房子，那这个国家就太可悲了。

房价涨了十几年，其实很正常。十年前，北京楼盘开盘前大家都是搬着凳子连续排队好几天去认筹的，这说明房子值得一买。大家都想住上更好的小区，住楼梯楼的都想换上电梯楼，住老电梯楼的都希望有好的物业管理管一下楼下的乱停车和乱扔垃圾。

从房子质量和价值来讲，新房子越来越贵是合理的，因为你享受了更好的配套和设施设备啊。除了你的存款和旧房子没有在改变，新的房子、新的商圈、新的设施、新的装修，一切都在改变中，诗和远方不停地变换着，城市不断地在发展，一天比一天更出色，而你，凭什么要求社会价值和你自己的价值在一个水平线上，不准其飙升呢？

从2016年8月开始，每天都会有人问我买哪里的房子好。最近连续一周，每天都会有八到十个朋友专门发信息告诉我，要去佛山买房，要去三亚买房，要去北海买房怎么样。只要出门，一定会有人跟我聊房价，感觉像2008年股市的疯狂期一样，连买菜的阿姨都在打电话说哪里哪里的房子又涨到多少钱了！

《环球时报》总编辑发表文章称，年轻人应该举全家之力去买房子，如果能供得起的话，还是应该在大城市买上自己要住的房子。

潘石屹很久以前就说过，如果要自住的话，房子随时都可以买，多贵多便宜都可以买。

任志强从十年前就被狂喷，一直支持房价上涨，到今天，他还在跟大家说，有生之年不会看到房价跌。

我总是在感慨，每个城市都在变得越来越好，越来越值得我们为其付出，尤其是广州，房价比北京、上海、深圳低，空气也很好，美食还很多，老百姓很实在，生活节奏不快不慢，晚上珠江两岸灯光闪烁，高空俯视下珠江新城犹如纽约曼哈顿。你要在最好的地方立足，就要看到自己的成长和这个地方成长之间的差距。

但是美好的地方很多啊。去过纽约之后就知道曼哈顿的繁华，去过伦敦之后就知道伦敦的厚重，去过大理之后才懂得闲适的美好……年轻人把一生的目标都放在买一套房子上是很闭塞的行为，因为房价的暴涨让小市民开始恐慌，大家都在担忧上不了车，跟不上资产增值的速度。新中产都无心诗和远方，大家都觉得创业坑爹，卖了房子创业还买不回房子。传统企业人都在懊恼和沮丧，经营三年都不如卖一套一线城市房产的收益。

房子确实很美好，但那是因为城市美好，城市美好是因为大家都在用心创造生活。总有人活得不一样，当其他人都在争先恐后地买房的时候，我们其实可以思考一下别的机遇。是不是除了房产和存款，还有别的东西能带给我们更多的美好和想象?

拥有多套房产虽然是好，但是仍不及创造力和想象力成果流传的意义大。很多时候赚钱是必须要做的事，但却并不是要做的事情的全部。

如果暂时买不上房，也不要沮丧和失望，诗和远方并不矫情。知道世界之大之后，才会知道我们盯着的东西是这么渺小。

方向错了，折腾都是白费力气

真正有头脑的人，都在钱生钱，你却还在买买买地折腾什么呢？

我是一个很爱折腾的人，时间长了之后，经常会发现，我的折腾并没有带来太多的效益。每天有吃不完的饭局，每天去唠各种嗑，接各式各样的活动，每天连轴转，根本停不下来。最后除了换来兴奋、失落、高兴、沮丧之外，似乎并没有一夜暴富，功成名就。

相反，很多时候，我身边的同学和朋友，我看他们闲下来什么也没做，挑对了一条路子，很轻松就扬名立万了。于是我最近特别爱跟身边的朋友说一句话：别折腾了，没什么用。

尤其是在理财这一块，我做过各种努力，存钱到银行，定投基金，买商业保险，买房子。到最后我发现我除了懂了一大堆金融产品的名称，财富却没有与我折腾的费劲度成正比地增长。

折腾并不能让你得到什么或者比别人拥有得更多，只能让你的情感和情绪丰富很多。在消费和理财这条路上，只会买买买，是因为我们的理财知识太少。真正有头脑的人，都在钱生钱，你却还在买买买地折腾什么呢?

人生路上，三十多摄氏度的大热天还在汗流浃背地工作，你以为真的是为了爱，为了责任吗？那是因为穷！要想早日脱贫，早日达到财务自由，最重要的是找到一条方向正确的路，找一个比自己站得高的人指引，能够一直往前走，而不是原地转圈，晕头转向。

我们所谈的理性的科学理财的概念，是指恰当地规划我们现有的资产和未来的收入，来确保我们的人生目标能够实现。

这往往是一个不断优化我们的资产配置，慢慢达到目标的过程。这个过程是漫长的，但是我们的财务状况坍塌是瞬间的。大家在朋友圈也经常看到，为生重病的孩子众筹的人越来越多。为什么要众筹看病呢？不就是因为财务没有准备好吗？在这种情况下，其他任何目标都会瞬间变成幻影。

因此，既然我们理财是为了家庭财务目标和人生梦想能够循序渐进地实现，那么首要任务就是要构筑好这个防火墙，在这个前提下再去考虑如何理性科学地进行资产配置和有序地理财，实现我们的人生目标。

去全世界看房子

去买房子吧，不要为了炒高它的价格而去买。房子是用来住的，不是用来炒的。

2017年3月17日半夜，广州发布了最新的购房政策。本地单身人士（包括离婚人士）都只能购买一套房子，外地户口购房资格从三年税单增加到五年税单，二套的首付比例再次提高。该政策再一次响应国家号召：房子是用来住的，不是用来炒的。

不知道是不是市政府办公厅看到了我写的有关单身人士推高房价的文章，限制单身人士只能买一套房这个政策还是史无前例的，但又应该是切实可行能限制炒房的。推出这个政策之前五个小时，我的一位朋友才刚刚来询问我，聊他的税单问题和贷款问题，现在看来，他本来准备明天去交订金的房子是买不成了，还好订金没交上，不然要是合同没写清楚的话，都不知道还能不能退钱。看来今天晚上又是一个房产中介和买房者的不眠夜。

看着朋友圈清一色被限购政策刷屏，我看到的竟然不是购房成本一再提高后投机者的遗憾，而是大部分还没买到房子的朋友的失落。前几天，“清华北大的毕业生买不起学位房，学位房还有什么用”的段子刚刷过屏。这几天是经济学家集体蒙圈，北上广深买房按照租售比来算几乎要一百年才能回本，可大家依然趋之若鹜，简直匪夷所思。

其实老百姓买房除了要自己住，或者住得更舒服之外，更多的是出于怕吃亏的恐惧，习惯了你有我也要有，你抢大家抢的套路。

我作为一个资深房奴，不敢说自己见识过人，也没有周游过世界，但是对全世界的房子，通过搜索搜索再搜索，还是有一些了解的。

有银行的朋友叫我把买房的钱拿给他们做短期的理财产品，说赚的钱一定会比买房子赚得多。我没这么做，我对朋友说我买房这个事情有点像你们去打高尔夫球，这个兴趣爱好是基于满足自己的需求，获取更大的进步，可能是消费又可能会赚钱。你可能因为一直都打不到70杆，所以你总是在打球的路上兴致勃勃，怀有期待和梦想。我因为一直买不到又大又豪华又在CBD又买得起的房子，所以一直一步一步台阶地上。这个过程中，你打球可能是消费又可能是在收获，我买房也可能是在消费也有可能是在收获。说不上是赚钱还是赔钱，但是我们肯定是心甘情愿的。

赚钱有什么意义呢？赚钱其实就是在找一个内心舒适的过程。对这点有意识之后，对这个过程的选择就很明确了，以自己参与度高又高兴的方式来就好。

我的很多朋友，乐此不疲地全世界去打球，大部分普通老百姓并不能看懂。直到有一天，我开启了环球看房之旅后才明白他们打球的心情。买不买是一回事，看一看长见识嘛。全世界房价最贵的城市除了纽约、香港和伦敦，还有摩纳哥，然后才是新加坡和上海。如果你有100万美元，在北京可以买57平方米，在墨尔本可以买110平方米，在摩纳哥只能买17平方米。去全世界看房子这个事情很有意思，会一瞬间放大你的格局。

假如我手上持有100万人民币，我可以去哪里买房子呢？在广州只能买到市区的一个单身公寓。如果要住在CBD，那么只够一个一居室的首付，而且租金还不能够完全抵扣每个月的月供。如果买房是投资，那就确实要看地段，例如伦敦，核心是西一区，其次是西二区，而西四区已经算比较偏了，而且西区已经很明显over supply（供过于求），导致二手市场出现有价无市的尴尬情况！针对供过于求，唯一性才是项目特性，要么低于该区的市场价（价格优势），要么就是稀有度（不可复制，仅此一家）。说说英国市场，他们针对非英国人的贷款最高是70%，而利息是3%~4%一年。换句话讲，你的租金回报必须是5%以上才可以赚回利息以及税费。

我买房喜欢分散布局，到处买，比如英国投资曼城，首先现楼，而且有包租包回购，这样确保自己的投资属于稳健，而且只要几万英镑，人民币也才五六十万！投资英国的好处是，英镑目前为止仍属于低位，可以作为一个中期投资。在亚洲市场，特别是泰国曼谷，这个市场是低估市场，未来升值空间大，我一直看好。

其实中国的房地产税费到今天已经和很多发达国家的房产税费相似了，只不过国外的房产不会像国内这样出现翻倍的飙升，大家也不会频繁交易。中国人口太多了，而且大部分家庭都有囤积物品的习惯，怕人多不够分，久而久之，这个公式就套用在任何场合。

像澳大利亚这么地大物博的地方，澳大利亚人都喜欢住在郊区的大房子里，只有留学生或者没有太多精力打理家园的单身汉和老人才会住在城区的公寓里，所以澳大利亚的房子很便宜。我曾经问过，如果一群中国人来到澳大利亚像在中国那样，把市中心的房子或者某个地区的房子都买光了，那房价会被炒起来吗？人家说根本不会，因为他们规定二手房不能卖给外国人，只能卖给本国人。炒房那一套在那里根本就行不通。那里的人甚至希望住到无人小镇，或者希望交通不要太发达，最好不要有外人来打扰他们的宁静生活。

去买房子吧，但不要为了炒高它的价格而去买。房子是用来住的，不是用来炒的。去看看别人是怎么生活的，看看这个世界的人是怎么样使用房子的，再回头来看看我们这样使用房子是不是搞错了。

如若生活可以一步到位，那奋斗又有什么意义？

我们活得津津有味，离每个目标都有一段距离，可以选择漫步、散步或跑步到达，这其实就是人生最大的意义。

我的收入一直不算特别高，买房上瘾是因为刚性需求一直没被满足，但是我又等不及一步到位的那一天。

在我买的第一间单身公寓住了一年之后，我买了车，活动的范围开始变大了。我开始不满足于我住的房子，我想找一个能晒到太阳的地方，最好可以放一台三角钢琴，我的画板就不用“屈就”在鞋柜旁边。

于是我开始考虑住到一个租金跟我买的这个房子差不多的地方，可能不在市中心，但是我可以选择一个两房或者三房的单位，这样我会觉得宽敞很多。

于是，我又开始了看房之旅。我的一位好朋友是CBD最大城中村的一位村民。城市改造让他们村每家每户都分了五六套价值过千万的房子，他建议我到他们村里看看。村里的新房是全国回迁房示范小区，软硬件都很过关，关键是租价比起周边的商业楼盘低了30%，享受的却是广州顶豪的市政配置。于是我很阔绰地租了一个三房的单位，一个人住。

正好那时候是全国限购政策最严格的时候，而且首付的比例一涨再涨。我要买第二套房已经很难了，尤其是改善型的，要比之前买的大的话，几乎不可能。后来很多人都不理解我为什么可以在限购政策下买这么多房子，那是因为我买的都是商业性质的公寓房，并不在限购之列。

因为买商业公寓要付五成的首期，最长可以供十年，所以我买的都是三四十平方米的单身公寓。我发现单身公寓出租很容易，这也是为什么后来我会觉得房价高是因为单身人士都喜欢独居制造了刚需，导致房价上涨。

终于，广州市政府看懂了这一点，2017年3月的限购新政直接给单身人士设限了。你要住？好，一套够了吧，再买可就不合适了。你说，我要换房子，我家里人口变多了，那你提供理由吧，只有持证结婚才算是政府认可的。这样一来，所谓的光谈恋爱不结婚，不以结婚为目的耍流氓都行不通了。

中国的年轻人对财务投资这个问题的觉醒来自于住房成本

增长的压力。我依然记得2004年的夏天，我和我的小伙伴去回龙观编剧老师家里开编剧会。老师住在一个宁静漂亮的小区，六层的小洋房，那个时候也觉得北京人特别多，但是去到那里，就觉得人特别少。一楼的房子有前后大花园，连狗狗的房间都大到童话一般，顶楼的房子还带天台花园。我们的编剧老师说，夏天可以在天台花园烧烤，如果你们剧本写得好的话，很快就可以买得起这样的房子，160多平方米的四房。虽然在回龙观，但是有地铁，只要60多万。我们对房子的美好梦想第一次产生，应该就是在中产阶层的生活描述中。

可惜，无论我们剧本写得好还是不好，成长的速度远远赶不上房价增长的速度。十二三年前老师买的60多万的房子，今天应该在1000万以上吧。人生就是这样，总是眼看着中产的生活看似近在眼前却够不着。

我们活得津津有味，离每个目标都有一段距离，可以选择漫步、散步或跑步到达，这其实就是人生最大的意义。

这不也正是我们前进的动力吗？如果总是可以一步到位，那我们奋斗还有什么意义呢？

如何买到自己的第一套房?

买房和成长一样，你总是因为不懂而错失，错失之后才有了经验。

我对买房这个事情有点强迫症，你可以说我是疯狂，说我是兴趣爱好也对。我对房子是百看不厌的，只要我住过的城市，就没有我不知道的楼盘。

通常一开口聊天的时候，只要聊到房地产，我的专业知识和态度简直媲美开发商，藐视房产中介！

时间长了，身边很多人就都来问我，要买哪里的房子好，哪区的房子最近的价位如何？住的都是什么人？周边有什么配套？优劣之处在哪里？我跟中介的区别就是，我又没有佣金赚，而且我是个热爱研究房产的好同学，所以我的意见就变得很有意义。就好像有的人就爱研究怎么把蛋糕做得好吃一样，我就研究哪里住得舒服，哪里买来保值，哪里买来有面子。

我买房但是我从来不炒房啊，什么叫炒房？现在全世界平民最憎恨的就是炒房者，因为别人还一家人挤在笼屋里，或者一大家子人只有一套房可以蜗居的时候，炒房者们却空置大量房产，抬高房价。炒房，是伴随着房地产行业的发展而产生的投机行为。由于政策影响，房市攀升，一些人借机囤积房源，转手获利，这一类投机行为被称为炒房。

很多人一直炒房，炒股票，炒期货，他们只是对金钱和账面数字感兴趣，我不一样，我对账面的数字不感兴趣，房子对于我来说，类似多收藏一个可以转手买卖的物品。很多人都知道我买房子是为了存钱，是为了给自己制造动力。买第一套房子的时候，我的银行账户里面只有通过每个月定投基金存的30000元。

我大学毕业是在2006年，那一年连街上卖菜的大妈都在炒股，坐公共汽车能听到邻座的退休阿姨打电话说今天买哪个哪个股票又赚了8000元，于是我有点坐不住了，就去开了个账户。

在6000点的时候我冲进了股市，然后股市开始一泻千里，一蹶不振到2017年，整整十年。说实话2007年我就把股票清仓了，亏了多少钱我都忘了，反正是血本无归。

我觉得炒股太不靠谱了，大家都在买卖，实际上却对买的股票一无所知。我从上大学开始就一直看房子，我觉得房子是必需品。

2007年我住在电视台的宿舍里面，虽然宿舍看起来也很不错，但是没有厨房，楼上楼下、左右邻居都是最近一两年大学毕业的新员工，也是台里的同事。每天出门、下班大家都是可以相约往来的。住的地方很热闹，但是整个环境都是打工族氛围，我不太喜欢，所以就特别渴望能自己买一套房子。

于是2008年开始，我就开始到处打听，约中介到处看楼。当时我手里只有30000元，当年的首付可以两成，我把我的实际情况告诉中介，看了很多特别残旧的二手楼，看得我都快吐了，觉得没办法买得下手。突然有一天我的一位同事说他买了一个就在我们单位附近的房子，是新房，开盘才13 000多，最小的才34平方米。我不嫌小，觉得太好了，但是我不能告诉我爸妈我要买这个房子，因为34平方米对于我们在英德的家来说可能还没有我的房间大，他们一定会反对我买这个房子的。其间我试探性地把楼盘的户型图拿回家给爸妈看，我爸都没正眼看过。我妈妈是为了迎合我，说60平方米的两房挺不错的，但是有点贵。确实，那个时候，这个价钱在广州算是中高以上价位了。

我觉得我再也不想去看那些发霉的二手楼梯房了，于是一咬牙，我用我当时的公积金50000块和手里的30000元交了两成首付，每个月2000多月供。等了一年，收楼后，直接就住进去了。

因为我太想住到自己的房子里面了，又是第一次收楼，开发商让我签所有的文件我都表现得迫不及待，竟然连开发商还缺少两项具备收楼资格必备的证书都没有在意。过了很久之后我才知道，大部分的业主并没有像我这样搬进去住，而是坚持没有收楼，最后还得到了开发商误期交楼的赔偿。赔偿是房价的万分之五一天，得到赔偿最多的一家，据说差不多得到了购房款的一半。

买房和成长一样，你总是因为不懂而错失，错失之后才有了经验。

这个34平方米的单身公寓真的很像酒店，它把阳台做成了一个小厨房，厨房有一扇窗户，可以看到远处的白云山，但是因为我挑了最便宜的朝向，所以常年晒不到太阳。不过我在宜家买了很多很搭的家具，我可以在这个房间里面半夜看连续剧，饿了自己炒个滑蛋，下班早的话还可以在楼下的菜市场买一人分量的料煲个汤。

这个单身公寓是栋单体楼，马路的对面是动物园，周围是汽配城，出租的行情很好。朋友们都很喜欢在路过附近的时候找我吃个饭或者就在楼下烤两打烧烤当宵夜。偶尔有女性朋友或女同学从外地来到广州也会来和我聊一个通宵。在自己的房子里，我觉得我度过了一段非常美好的单身公寓时光！

买第一套房子时，我25岁，因为渴望拥有一个跟我电视台宿舍差不多大的属于自己的房间，我买下了它。我没有嫌弃它小。买这套房子时，我看了不下二十套二手楼，去这套房子的楼盘去了四五次才敢下定金，销售员都觉得不耐烦了。我心里总在犹豫，忐忑不安，害怕自己还不上每个月2000多的房贷，或者还完房贷之后只能天天吃盒饭。第一次买房，大家都一样，看了又看。谁又会知道几年后我连房子都不看，光看个宣传单就敢交钱买房了呢？

所以如果你正准备买人生的第一套房子，只要交得起首付，供得起月供，上下班都会让你充满幸福感的话，小一点不要紧。人生那么长，世界那么大，谁说就要住一辈子呢？

独立女性越多的地方房价越高

女人一旦有了独立的意识，第一个想法就会是买房。

终于有经济学家发现在中国独立女性越多的地方房价越高这个现象了。我在上一本书的第一篇文章就说过，这十几年的工作生活经历告诉我，有房的才是真“女神”。

以前房价涨，大家都赖丈母娘，说是丈母娘拉高了房价。丈母娘也是一番好意，除了房产中介没有骗过你房价会涨，丈母娘也是中国最有远见的一群人。可别忘了丈母娘是女人，丈母娘要你买房是因为丈母娘没有安全感，谁都不想自己的宝贝女儿连个稳定住所都没有，宁愿给银行打工，倾全力支持也不愿意女儿月月被催房租，总是担惊受怕，怕房东下月要把房租涨双倍价钱，担心女儿和女婿一家挤在一个屋檐下受婆家气看婆家脸色。

丈母娘教得好，女儿总是学得快。还没到丈母娘的年纪，女儿也都学会了，有的东西如果是以后一定要拥有的，根本不需要等待别人去给予。既然结婚后大家都不愿意和老人家住在一起，那结婚前就自己搬出来住好了。越来越多的独立女性，住在自己可以随意支配的空间里面，里面不装男人，不装任何屈就，而是装了梦想的衣帽间，装了自己风格的茶室，装了自己的音乐自己的舞。

我在北上广深的几乎所有的女性朋友都自己住，无论是自己的房子还是租的房子，她们不再像过去的女生那样，急于住到男朋友的房子里，她们渴望有自己的空间，可以接待自己的闺密，可以安顿自己随时来探望的父母。买房子的女生不需要一步到位买到全家都可以住进去的房子，可以不必考虑未来另一半的感受，不必考虑以后是会生一个孩子还是两个三个孩子。在城市的中心，她们只需要一个能让自己容身的小公寓就可以了。

女人一旦有了独立的意识，第一个想法就会是买房。连我18岁早熟的小侄女在通过自己的努力得到稳定的收入回报之后，都跟我说她对自己未来的规划就是，要买一套自己的小房子。男孩女孩从四面八方来到一线城市，每个人都在为了证明自己的存在和能力而努力工作。当年的男性抱怨自己压力越来越大，担子越来越重，现在的男性却开始感到害怕，因为女性无论在职场、家务、社交、创业等各方各面都开始和男性跑平，甚至开始超越男性。

女性消费力将会成为主要的社会消费力。之前我们认识到，互联网的发展，消费持续升级后，所有的行业都会变成娱乐行业。女性取悦男性的时代在蜕变，今天无论是品味导向还是时尚指引，甚至看哪部电影都是由女性决定的。越来越多的男性开始持续取悦女性，无论是出于什么原因，消费升级，消费力将会由一大群独立女性决定。她们高智商，有能力，掌握各种技能和专长，甚至是各个领域的专家、话事人。最重要的是，在这一轮上升空间中，女性之间的竞争仅存在于意识觉醒的那一拨之中。女同胞们，此刻，时不我待啊！

最近的某一天，我和几位在社会上有比较卓越贡献的男性朋友聊天，发现今天很多男性还沉浸在重男轻女的传统思想中，但是未来不久，也就是这十年八年的时间，将会出现越来越多的女性领导人和女性力量代表，女性和男性的地位很快就会出现逆转。今天我们的房价还是由刚需和通胀决定的，但是未来的某一天，可能将是由女性需求来决定。

房价到底还会不会涨？

你的住房需求和习惯会改变，不要盲目跟风，最重要的是跟着自己的心和这个世界的想象力。

好像英国人见面就要讨论天气一样，现在中国人一见面，无论熟不熟悉，总要讨论一下房价。中国的老百姓，无论贫富，都希望拥有一套属于自己的舒适的最好还能增值的房子。

甚至有人因为买房子卖房子太容易赚钱，都不愿意做生意了，可能一个上市公司一年的收益都没有卖一套房子赚得多。作为一个拥有十套房子的房迷，几乎每天都有人来问我买哪里的房子好，现在房价什么情况，因为我一直像个积极的房产中介，走在看房的路上……

整个2016年，因为我没有购房名额了，所以我没有去仔细看房，最后一套房子是在2016年初房价最低的时候买的，位处佛山边上靠近广州，到了2017年初一看，房价莫名其妙涨了一倍，然后我在珠江新城周围再看一圈，普通楼盘也都单价翻倍。

我才猛然醒悟，广州补涨的时机来了。

广州是个很实在的城市，豪宅价格几乎没有太大的增长。以前经常来往广州香港坐直通车，我会一直观察两边飞驰而过的楼房。我发现香港房子的空置率非常低，一到华灯初上，房子里面几乎都会亮起灯。当时我觉得内地的房子空置率真的好高啊，好多楼盘看过去都是黑乎乎一片，几乎无人入住。

但是这几年一看广州，又不一样了，黑夜中，五光十色的霓虹灯，摩天大楼，密集小区，全都满满当当亮起了灯。曾经开车一不小心都会走到秃头路上的珠江新城，如今繁华如纽约。抬头一看，每个套间的总价都在七八百万元以上，可是里面确实都住着人。无数次我都在琢磨感叹，怎么有钱人这么多啊！可是现实就是，有钱人还真的就是这么多！

我很喜欢深圳，深圳是一座包容度很高创造能力很强的都市，这里的人来自五湖四海，有不一样的故乡，但是有一个共同的故乡，那就是深圳。

深圳人是什么人？深圳是一座平地拔起的城市，每一个深圳人都是充满斗志和理想的创业者、劳动者，是他们把深圳渔村建设起来，变成一个中国的洛杉矶。

这几年不断有朋友表示要从北京、上海、广州移居深圳，因为深圳的包容，它几乎是北上广深四大城市里面最容易落户的，而且有关优秀人才的落户政策也非常“优惠”。

北上广深的刚需还是蛮强大的，中国一线城市的房价应该是不可能跌下来了，哪怕部分二三线城市房价会跌，我们还是有理由相信我们这个飞速发展的发展中国家，会用坚挺的姿态稳住楼价。

2016年吴晓波提出过2016年将是新中产消费的元年。2015年10月份瑞信曾经发布一个数据，说当今中国有成熟购买能力的消费者是8亿人，其中6亿人是低收入者，另外2亿人中的一大半，也就是1亿以上属于中产阶层。这些人是在最近几年才渐渐成为中国主流消费的人群。消费升级出现可能性，是因为在需求端出现了亿级中产消费阶层。

你吃碗面的价钱都涨了十倍，凭什么你天天住的房子不能涨十倍?

过去两年，我住在临江大道旁边全广州最贵的楼盘旁，我一直以为3000万元以上的房子在广州并没有那么大的消费力，但是今年公布的数据是，我旁边这个楼盘，过去一年销售额超过60亿元。我一度以为这样的豪宅会出现非常高的空置率，实际上却相反，华灯初上，我看见已收楼的两栋楼有很多户都亮着灯。

所以，我认为一线城市房价还得涨，不要以为有钱人没有那么多。从2016年开始，新中产崛起，消费升级，农村往城镇走，城镇往二线城市走，二线往一线走，一线始终在巅峰。但是房价从来不会无止境地涨下去，曲线不会是90度的，也总会有停一停、等一等的时候。

“圈层+电商”的社群经济出现，对我们的生活居所的影响更加明显。从名校配套、小区环境、商业区域不同的楼盘都可以看出，圈层带来的楼盘价值凸显。圈层不一样，生活的环境、教育的理念、生存的理想都会产生巨大的差异。普通老百姓跟富豪之间的差距会越来越大，因为他们进入不到这个圈层，就相当于香港人说的，第一套房就是上车盘，赶不上这趟车，富豪坐在高铁上，你走路是不可能追得上的。

但是，中国有广袤的土地尚未被开发。今天你在CBD上班，可能没有想过有一天你在自家郊区车库或者乡下的农田篱笆边用手机和电脑就可以创业。不一样的格局和想象力会让世界慢慢改变，就像我们从前也想不到曾经可以一铺养三代人的商铺也终有一天会落幕一样。你的住房需求和习惯会改变，不要盲目跟风，最重要的是跟着自己的心和这个世界的想象力。

买房也能看出不同人之间格局的差异，楼市如此，人亦如此。

我买的十套房子并没有让我发达

这十套房子，到现在为止，给我的不是财富，也不是总资产炫耀，而是给了我一根胡萝卜，挂在我推的磨前面，我为了得到它，转着圈地推磨。

看过我上一本书的读者都知道，我是个买房达人。准确地说应该是买房狂人，狂热程度十颗星，几乎在任何地方，只要路过新楼盘，我都会有忍不住要进去观摩一下的欲望。

我的这种嗜好，后来发现大有同好，而且还都是女性。感觉大部分女性积极买房，都是因为缺乏安全感，更深层次的原因是因为实在不懂投资，买房子还算是比较简单和低风险的。

房子跌穿买入价的人先别嚷嚷，再看看你买的股票和茶叶，跌得更让你不想说话了，好不好？几乎是每年的年头，我都要拿一张纸，在上面涂涂画画地写出我买的房子的市价、购入价、贷款和月供。因为每个月我要供多少钱，过一段时间我就会不记得，然后就又萌生出要买房的欲望。

不知道我这种购房的疯狂是否因为幼小心灵中的哪种阴影引起的，反正我很小的时候，就希望在每个城市都能有自己的房子，于是我从大学开始，就在北京看房。

我买第一套房子时，还是在工作了两年之后，遭遇了2008年股票大跌，当时觉得买股票太不靠谱了，几乎亏得一毛钱都没有。想起来工作了两年，公积金好像有50000元，当时首套房首付只要两成，我琢磨着可以买个50万的小房子吧。当时在广州，离我单位比较近的房子已经卖到13000~15 000元一平方米，算来算去，我只能买到一个38平方米的公寓。

于是问一个朋友借了50 000元，又刷了两张信用卡，凑了10万元首期就买了第一套房子。然后把公积金里的50 000元取了出来还给朋友，把信用卡做了分期还款，每月供2000多元。

当时觉得，有点差池就要供不起房子还不起信用卡呢。现在回忆起来，当年离现在好像不是很远，也就七八年光阴。如今我一个月不吃不喝，都要还五六万的房贷！

突然间有点心塞，我实在太败家了，可我控制不住自己啊！自从买了第一套房子之后，我就以每年最少买一套房子的速度在买房的路上一路狂奔。买了第一套房子后，我用信用卡买房的胆子就大了起来。到如今，我已经娴熟到，即使两手空空，身无分文，都敢去逛楼盘，而且还敢淡定地刷卡下定。

据说我这种做法，已经吓跑了几个对我印象还不错，可能还深爱着我的男孩。他们可能一致认为，这个女人太恐怖了，妈呀，一分钱没有，就敢买几十万上百万的东西，甚至有人觉得我有点疯狂。

我也不知道自己从哪里来的自信心，就这样一路扛了十套房子。

有一次在发廊洗头的时候，无聊看报纸，我看到一个卖商铺的广告，总价特别低，然后我就把报纸折起来带走了。第二天我就找到人家楼盘老板，把最便宜那间要了，带了一沓信用卡去刷。

还有一次有个朋友帮一个楼盘做活动，他说这个楼盘可以不用贷款，直接跟开发商免息分期买房，于是当天下午我就去了。最近一次是在同一个楼盘里我买了两套，因为第一套在市价最高的时候买的，买贵了，第二套无论景观和价钱都更吸引，我又忍不住用爸妈的名字去交了首付。我爸妈觉得我已经疯了！

当时最初的一个套路只是觉得这样可以激励自己多赚钱，多攒钱，以此让自己成为一个兢兢业业、勤劳俭朴的好女孩。

于是我手里似乎从来没有攒到超过20万的钱，一到20万就是我的临界点，我就觉得自己必须把它花出去，不然心里不舒服。

没错，我就是一个房奴，认识我的朋友都知道，以我这种收入水平、这种能力、这种名气，好歹买件衣服都是出入太古汇，但是我到现在，买一件过千的衣服，还是要思考再三。

我的一个女性朋友，每年一个季度买大衣的钱就相当于我的首付。她总是说我，买衣服总是要过了万才能看得出质感。可是，我每个月给银行的利息都可以买一个名牌包！

一直以来，大家都觉得我在房产上的投资是成功的，起码不像有的人投资在股票里，结果一夜亏得什么都不剩，也不像有的人投资在婚姻关系里，结果也是一夜亏得什么都不剩，还有的人投资在生意上，结果仍是一夜亏得什么都不剩。

但事实是，我以一个普通媒体人的收入，好吧，加上我的才华创作的私活赚的一些小钱，起码身家是没有缩水，没有消耗掉。但是，我今天晚上算了一下，并不算成功，只能算保本，稍微跑赢了存银行里。

只买最小最便宜，不挑剔的购房策略，让我的房产抛售困难。由于我都是低首付，用信用卡分期购入，导致我给银行的利息和手续费都非常高，基本每个月都在努力为银行打工。把物业长期攒在手里，没有置换，没有倒卖，以至于我的物业在楼市的沉浮中并没有得到升值的回报。

反观我的一些朋友，这些年来不断换房的，房子越换越大，市值和面积都飙升，而且腾出了零花钱逍遥海外游。

今天我有个好朋友在朋友圈里面给大家一个买房的建议，我觉得非常到位，根据我十年买十套房的经验，得出的结论跟这个建议一致：房子还是要买，首付还是靠凑，朝向要东、西、南，东北向实在太阴冷了。月供不怕多，一咬牙就挺过了。家里有几口人，就买几居室，不然你永远都不够住！

房子不要超过三套，不然实在会管理不过来，合理的房产置换，活跃市道，也帮助增值。

这十套房子，到现在为止，给我的不是财富，也不是总资产炫耀，而是给了我一根胡萝卜，挂在我推的磨前面，我为了得到它，转着圈地推磨。我觉得好像哪里不对劲，但是我又说不出来。

还有，我得澄清一下，我可从来没有说过买房子会发达啊！

广东人很有意思，中了彩票会说我发达了；吃了一顿好吃的，会说我发达了；娶了个好老婆，也可以说我发达了；找了份好工作，又说发达了。我觉得广东人口里说的“发达”，应该是一种幸福感，这种感觉不知道怎么描述，只能高喊：我发达了！

我是因为追寻安全感和幸福感而买的房子，还买了十套。我发现，我并没有“我发达了”的感觉。现在想象一下，可能我拍的电影卖了几十亿票房，或者我的公司上市敲钟了的时候，又或者找了个把我当神仙供着的老公时，才会有那种“我发达了”的感觉吧。你呢？你做什么事情的时候会有那种“我发达了”的感觉？

月入十万我依旧不请客吃饭

我现在终于知道，为什么以前别人都说有钱人特别抠门，

因为，他们其实过得好苦啊！

我很少请人吃饭，樊胜美姐姐说了，男人和女人出去吃饭，男人买单是天经地义的。不过也有很多人认为，我有十套房子，所以我请人吃饭也应该是天经地义的，因为我有钱嘛！

这是个悖论。

说到我买了十套房子后，大家很震惊，觉得我怎么能有这么多名额。当然首先，你家里人口得多，其次，我买的大部分房子都是不限购的公寓，而且房地产政策一天一个样，昨天说不给我贷款了，明天又打电话来求着让我贷点钱出去花。

这几年感觉媒体和楼市齐疯狂，大家都在用力鼓吹楼市，什么“一天一个房价”“卖房创业十年赚的钱买回原来那套房”“北上广深楼市的疯狂”……关于这些说法，作为拥有十套房的业主，我要说，我的房子三年没有涨过价，你相信吗?

2016年的房价和2013年的房价在二线城市外基本是一样的！除了你会多给三年的利息或者多收三年的房租，房价暴涨是个谎言。好多人来看房，但是他们手上的钱跟三年前一样多，依旧只是来看看而已。我还天天看房呢，都是去凑热闹的。好了，业主真心话说完之后，我今天要讲的话题，并不是楼市的虚高，而是我的收入。

很多熟人几年前就问我，你到底每个月要供多少钱啊？几年前我供得还不算多啦，就是每个月的收入那么多，但是几年前我的收入也就和大家一样。

今天，我也大胆跟大家说，我已经月入十万了，可是还是不够花，吃饭依旧不会主动买单。月入那十万，基本都不过我的手，钱打到银行里，我再从银行里划到各种供房卡、淘宝账户、信用卡上，钱打到微信里的，直接就被我用微信付掉了。

我的钱包就放着2000元崭新的人民币，连号的，这样会让我不舍得一张张把它们分开花掉。还有5000、1000一张的港币，这样会让我没有机会花掉，其余的零钱就放在牛仔裤的兜里。每天大概就几十元，主要支出是停车费。

当年上大学，有个师姐跟我说她男朋友月工资8000元，我带着谄媚地惊呼：“姐姐，你找了一个金领啊！”师姐电话那头讪笑着说："哈哈，也不算吧。顶多算个高级白领吧。"那个时候，我就觉得，如果让我每个月领8000元工资，都不知道怎么花呢，我得天天打车上下课。

等到我大学毕业后第一年，因为写剧本，我赚到了人生第一个10万。拿到定金的那天，我慷慨地给自己买了第一个Gucci包包，4000还是5000块，忘了。还真别说，这个名牌包，唯一的好处就是不论看起来小或大，都巨能装东西！

那年头，我艰难地创作着，在人生地不熟的地方，一个人在酒店里待着写戏，每周六拿着写出来的两集戏给制片人看，制片人看完提两三点建议，基本就是要重写的意思了。就这样反反复复，我差点得了抑郁症。我出门写剧本，这个包里面能装矿泉水、平底鞋、卷起来的剧本还有一件薄外套。那会儿我觉得这个Gucci的小挎包老厉害了！

唯一减压的事情就是上搜房网！我写第一部电视剧挣的钱分四笔给我，每笔大概就是两三万的样子。当时，我的唯一想法就是，用手上这两三万买个房子，我实在不想再被关在酒店里写剧本了！那个新装修的快捷酒店有一股新复合木地板的味道！我想有个小家，坐在阳台上晒着太阳，放着音乐，写累了可以浇花逗狗什么的！

反正就这样，我拿着几万块，喝着鸭血粉丝汤，看着搜房网找首付三万的房子当娱乐，写累了就哭一会。竟然就养成不会花钱的习惯了！

有了那一笔钱后，我歇着不做编剧好多年，老老实实在电视台打工。每个月从赚几千块到赚一两万，反正啥节目找我，我都做。有意思啊！每期都不一样，而且结算周期短，比写剧本划算多了！赚几千的时候我就想，每个月要是有两万元工资，我就去玩。后来到了每个月有一万元收入的时候，我记得前几年，我领导跟我说得最多的话就是，你别什么都抢着做！留点给别人做！我觉得生活很艰难，为了赚一万块，我都抢到同事的饭碗了！我还记得我同事好几次报题都跟我说，你别报题了，让我做一期，姐姐都快没粮出了！那位姐姐每个季度还能出去旅游一趟，而我每天晚上还写方案到两点半呢！我就是物欲强烈，钱都花在大件物品上，反正她们没觉得我有多花哨，都知道我赚的钱不是买房就是买车了。

几年前，我干妈干姐姐约我吃饭，我爽约了十次，没错，就是爽约了十次。最后一次，她们问我，徐小婷，你忙成这样？现在每个月收入有没有十万？什么？我当时的感觉就是，我要是每个月能赚十万，我不是高兴坏了？现在我知道了，钱赚得越多，越不是你自己的，妹子从不休息好不好！妹子一个月赚几千也好，赚几万也好，到现在一个月赚十万，妹子从来不主动休息！只要有一天闲下来没事做，我就会头晕，心里就后悔，今天怎么没安排去跟别人谈个事，拍个节目，做个选题。

好多人说，你做个电视台的编导，你能赚十万，你就吹吧！你知道我做多少兼职啊！好多人看不懂我的朋友圈，还有很多不熟悉的朋友问我，请问您老人家到底是做什么的。我只想说：您要写晚会串词，请找我；您要投放广告，请找我；您要举办婚礼，请找我；您要做公司年会，请找我；您要拍宣传片，请找我；您要策划高手，请找我；您要找投资人，请找我；您要相亲，请找我；您要培训员工，请找我；您要上刀山，下火海，想找个伴？给钱的？我好像也可以。

老妹子，忙得连花钱的时间都没有啊！好多人说，徐导，你什么时候请我吃饭？我只想说，还有好多人请我吃饭，我都没空去呢。所以，通常很多人本来是请我吃饭的，就无厘头，多认识了两个朋友。那两个本来也是要请我吃饭的。自媒体收入过十万，早就不是什么新闻了，这还是做得一般般的小咖。能叫网红的，人家一个月卖衣服都卖几百万好吧！我以前以为赚十万块，我就可以去游山玩水，现在我只知道，下个月我要是赚不到十万那就是马上山穷水尽。我还好，没现金在手里，不用担心人民币升值还是贬值的问题。我只担心我买房的杠杆太大，导致我月供压力很大。虽然这让我有无限动力去赚钱和存钱，但是也让我养成了无比严重的危机感。

赚钱多的人就是要比赚钱少的人要多一些社会责任感和压力感。我买这么多房子，赚这么多钱干吗？不就是为了将来挑老公的时候，不会因为别人没有房子，没有稳定的收入，而让自己屈就吗？

多有社会责任感啊！男人们有没有顿时压力全无的感觉？有没有？

以前，别人都觉得我这个样子，明明可以傍个大款过日子，非要累得跟狗似的满脸包。现在，我就希望，找个男的，看上我是因为我有钱，而不是因为我的样子。因为这样，才真的能证明，我是凭实力和才华的，也才能找到一个真正会去支持我的理想的人。

我现在就想其实原来每个月赚两万块就挺好的，那样我就不会萌生出这么多无厘头的欲望和压力。我现在终于知道，为什么以前别人都说有钱人特别抠门。

因为，他们其实过得好苦啊！

只要敢想，就成功了一半

为了住进纽约的长岛、广州的二沙岛，我已经丧心病狂，
准备再去贷几百万来买房。

为了住进纽约的长岛、广州的二沙岛，我已经丧心病狂，准备再去贷几百万来买房。

我是广东人，每年的暑假在广州度过，11年前大学毕业后我就一直生活在广州。

我从小就习惯了广州的平易近人、广州的燥热、广州的大排档、广州的地摊、广州的状元坊，我见证过广州曾经的凌乱美。

后来我去了北京，去了上海，去了纽约，去到伦敦，去到曼谷，去到香港，没有一个城市比得上广州自在的美食。没错，如果给一个我留在广州的理由，一定是各种各样的美食。

从小街小巷的萝卜牛杂到今日随处可见的世界味道，你可以穿着拖鞋睡衣走出街吃大排档，也可以浓妆艳抹去高级餐厅吃个浪漫西餐。

广州四季不分明，一年四季的衣服都有机会在一个星期或者一个月内穿出街，没人会对你的装扮评头论足。约会除了晚饭，无论早餐、早茶、午饭、下午茶，宵夜都可以日日有不同的地方。

对于地道的老广州人来说，搏命这件事只会用在吃上面。所以在广州可以很没心机，所有心机只会针对吃这件事，你的成功并不体现在你的名牌衫裤鞋帽，也不体现在你的豪车豪宅、公司市值，只要你每日吃得自在，在广州人看来就很成功了。

我想广州是最多人来了还要来、走了要回来、回来不愿意走的城市，因为它实在是美味得太自在了！

本来因为这种美味，我应该奔波在不同的酒楼、农庄、餐厅和饭馆中，可是正因为这种美味，我又去看楼了。因为我得长期生活在这个城市里，而且我似乎还看到一大批爱好美食的吃货马上就要到达广州战场，然后住在这里！

嗯，我的十套房子都在放卖，最近刚刚卖了一套唯一有人问津的，也是总价最高的，因为在市中心。

于是在期待着卖家的银行放款这段时间，我的心又躁动起来。在没有知会我父母的情况下，我以迅雷不及掩耳的速度，拿着卖家还没给我的钱，又去买了二沙岛的房子。

二沙岛是什么地方，对广州人就不用介绍了。对于外地人，简单来说，就相当于纽约的长岛，曼哈顿的上东区，首尔的清潭洞。我把二沙岛里最小的房子给买了，还是十几年楼龄的旧房子。

我才不管房子老不老小不小的，反正我要住到二沙岛去了，就是这么虚荣！上周我在出版社社长的办公室里，我还吹牛，我的理想是混到曼哈顿的上东区去。社长说，你已经成功了一半，因为你想到，而且开始行动了。是啊，无论做那件事能不能成功，最起码想到就开始行动，也算是在路上了。

本来跟家人答应得好好的，这次把房子都卖了以后，这段时间我就不再买房了，第一，珠江新城已经补涨到了一个顶点，我买不起了；第二，真心害怕被房子套牢，我这好不容易升级成新中产，成为高净值人群中的一员，如果再买一套房子，正好可以把我套牢。

但是，“房事”永远都是，不看不知道，一看吓一跳，吓到后被套牢。我身边有个土豪，天天喊着我每天睁眼就有几万几万的收入，年纪轻轻天天想着爬山玩鸟，也没啥远大理想与追求。我这位活雷锋，唯一兴趣就是看楼，这半个月就天天带着土豪逛楼盘，一逛珠江新城把他都吓坏了。

无论是去北京还是上海、香港、东京、纽约，抬头就满地问楼价就是了，都是在10万到20万一平方米吧。你问广州的房价还涨不涨，我还真不知道，我只知道番禺长隆边上已经卖40000元一平方米了！看完房子，土豪表示不想再去爬山玩鸟了，因为一不留神稍有怠慢就跟不上经济增长的速度了啊！

我的闺密半年前买了一套豪宅，也就两百多平方米，月供两三万元。半年前她还靠在我的肩头问，房贷压力这么大，我会不会供不起啊！我跟她说，你只要开始了，就会越来越轻松。果然，半年后，她写一篇文章的稿酬就可以搞定两个月的房贷了。

你永远不知道压力能给你带来多大的动力，你也永远不知道虚荣用在空虚的时候，到底是对是错。但是我们知道，只要敢想，就算是成功了一半，你已经走在路上了！

在国外买房投资，得了解当地人买房的喜好

在澳大利亚买房投资还得先跟本地人聊聊，问他们喜欢买什么样的房。如果是自己孩子在这念书自己住，那无所谓，自己喜欢就好。

在四五年前，我的一位好朋友在悉尼念书，她知道我特别爱到处看房，就一直建议我到澳大利亚买房子。当然那时悉尼的房价要比现在便宜得多，不过人民币这几年对澳币涨了不少，所以涨了的部分汇率也抵扣回来了。

我在国内买了很多房子，其实大多数很难租得出去，除非低于期望的价值，而且租房子有太多麻烦，空置的时候麻烦更多。据说悉尼的房子空置率超低，连公寓上市都是用抢的，不仅全球发售，连本地人都要到现场抢好户型。去悉尼的第二天正好碰上悉尼大学旁边一个楼盘开盘，是悉尼歌剧院的设计师的孙子设计的。这样听起来好像是骂人，但其实设计确实很不错，有全

澳大利亚最高的7米人造瀑布和360度无边际游泳池。

好的户型全球一首发就得抢，小三房70多平方米大概160万澳币，也就是接近1000万人民币，大约跟广州的珠江新城差不多价钱。但是无论是澳大利亚、英国还是东南亚，人家都是算实用面积的，所以他们70平方米的房子比我们的大了很多。

我们住在市里海德公园旁边的铂尔曼酒店，早上绕着公园跑几圈是挺好的选择。要逛街购物也得趁早，五六点商场就开始陆陆续续关门。周末的晚上溜达出去，走三条街就到了唐人街附近，大部分酒吧门口站满了人，尤其是留学生，大家在酒吧门前流连忘返。走过情人港穿过桥就到了悉尼的赌场，Star酒店。赌钱不是一个很好的选择，但是赌场里面的自助餐厅很不错，是个排队餐厅，周五到了下午五点就开始排队进场。大约70澳币一位，吃太平洋生蚝比起Fish market是要疯狂不少。Fish market也是一个很棒的地方，我们一下飞机就第一时间冲去那里吃海鲜。对于广东人来说，没有什么事情比有好吃的更重要。但是Fish market下午三点就关门了，白天在Fish market户外吃海鲜，旁边有鹈鹕大摇大摆地走着，海鸥时不时会像东南亚的猴子一样来抢你的食物。

情人港是个很棒的地方，两边的酒吧都很热闹。每个有母亲河穿越城市中央的城市也必定会有类似我们广州珠江夜游这样的项目。情人港也不例外，我们来的时候正好碰上悉尼灯光节，从情人港出发坐在邮轮上看悉尼两岸的繁华夜景，经过晚上换上彩色新装的悉尼歌剧院和灯火璀璨的悉尼大桥，吹着和煦的冬季小风，感觉还是很浪漫的。

悉尼的房子确实是每年都在涨价。我一个在悉尼念书的朋友说，2006年在悉尼念书的时候，靠近城区的房子也就15万澳币，现在恐怕150万也不一定能买到了，所以很多人都觉得悉尼的房价也已经涨到了一个顶点。但是谁知道呢，用中国人的眼光看，我们不是一直看着房价在顶点涨了又涨吗?

看了一圈房子，我还是挺心动的。房产大亨一直说，如果房子要自住，什么时候都应该买，如果要投资，得看个人，毕竟澳大利亚和中国不一样，人家的二手房可是不卖给外国人的。所以在澳大利亚买房投资还得先跟本地人聊聊，问他们喜欢买什么样的房。如果是自己孩子在这念书自己住，那无所谓，自己喜欢就好。